公益性行业（农业）科研专项（201203038）
"作物害虫抗药性监测与治理技术研究与示范"项目资助

杀虫剂

科学使用指南

邵振润　张帅　高希武　主编

中国农业出版社

［前 言］

□□□□□□□□□□□□□□□□

　　杀虫剂是农业生产中重要的投入品之一。杀虫剂的使用，为控制农业重要害虫，保障农业稳产、丰收，解决人类温饱问题以及人类的健康作出了巨大贡献。据联合国粮农组织（FAO）统计，如不开展防治，每年全世界有42%农作物毁于害虫之口。我国每年使用杀虫剂近14万吨（折百计），占农药使用总量的45%以上，药剂防治面积超过40亿亩次。随着科学技术的发展，杀虫剂品种逐渐向环境相容性发展，从最初的残留时间长的有机氯类、毒性高的有机磷类和氨基甲酸酯类等，发展到现在的具有选择性的新烟碱类、双酰胺类等低毒高效杀虫剂。

　　但是，农民对杀虫剂认识有限，盲目用药的现象普遍存在，致使害虫抗药性快速上升，防治效果下降，形成药剂防治—抗性产生，防治效果下降—加大剂量和用药次数，抗性进一步上升—防治失败，淘汰药剂—再引入新药剂的恶性循环。目前，飞虱、螟虫、小菜蛾、蚜虫等重要农业害虫抗药性发展迅速，为害日趋严重。因此，如何科学、合理、安全使用杀虫剂，保障粮食安全、农产品质量安全以及农业生态安全，是当前农业生产中亟待解决的问题。

　　鉴于目前我国千家万户、小规模、多模式的生产经营方式，以及农技人员对科学合理用药知识贫乏的现状，急需培训基层农技人员、广大农村施药者掌握杀虫剂合理使用和有效防控害虫的技能，为此我们编写了这本小册子。本书共分7章，分别从杀虫剂按作用机理的分类，水稻、蔬菜、小麦、棉花、果树常用杀虫剂的理化性质和使用方法，不同种植区域害虫轮换用药防治方案以及安全用药与个人防护等方面进行了介绍。此外，书后还附录了中华人民共和国农业行业标准《农药安全使用规范 总则》和褐飞虱、二化螟、小菜蛾、甜菜夜蛾等重大害虫抗药性监测技术规程等资料。

本书依据国际杀虫剂抗性行动委员会提出的按杀虫剂作用机理的分类，以此推动在生产中做到不同作用机理杀虫剂交替使用、混合使用，达到延缓害虫抗药性发展的目的。本书的出版将对基层农技人员、农药零售商和广大农村施药者对杀虫剂合理使用产生推动作用，为进一步做好科学、安全用药，确保农产品质量安全作出新的贡献。

本书的出版得到了公益性行业（农业）科研专项（201203038）"作物害虫抗药性监测与治理技术研究与示范"的支持，在此表示感谢。

由于作者经验和知识水平的局限，书中难免有不妥之处，敬请广大读者和同行批评指正。

编　者

2012 年 8 月

[目 录]

□□□□□□□□□□□□□□□□□

前言

第一章

杀虫剂作用机理分类表

SHACHONGJI KEXUE SHIYONG ZHINAN

杀虫剂是农药的重要组成部分，一般来说杀虫剂是以害虫为主要防治对象的一类物质。在农业上，害虫是指能对农作物的生长发育或农产品造成危害的昆虫或螨类等有害生物。据统计，地球上现存的昆虫种类超过1 000万种，其中有几百种破坏性很大。

一、杀虫剂的分类

按杀虫剂的来源，可将杀虫剂分为以下4类。

（1）无机和矿物杀虫剂：这类杀虫剂一般药效较低，对作物易引起药害，有些对人毒性大，因此目前大部分已被淘汰。如砷酸铅、矿物乳剂等。

（2）植物源杀虫剂：这类杀虫剂主要以植物为原料加工而成。如除虫菊、烟草、鱼藤等。

（3）微生物杀虫剂：这类杀虫剂利用能使害虫致病的真菌、细菌、病毒等微生物加工而成。如苏云金杆菌、白僵菌、昆虫病毒等。

（4）有机合成杀虫剂：指杀虫有效成分为有机化合物的杀虫剂。农药发展到今天，人们通过有机合成的方法获得了各种各样的有机杀虫剂品种，是目前品种最丰富的一类杀虫剂。如有机磷类、氨基甲酸酯类、拟除虫菊酯类、新烟碱类等杀虫剂。

按作用方式，可将杀虫剂分为以下5类。

（1）胃毒杀虫剂：主要是药剂通过害虫的口器及消化系统进入体内，引起中毒。这类杀虫剂一般对刺吸式口器害虫无效。

（2）触杀杀虫剂：药剂通过害虫体壁进入虫体，引起害虫中毒。这类杀虫剂一般对各种口器的害虫均有效果，但对身体有蜡质保护层的害虫如介壳虫、粉虱效果不佳。

（3）内吸杀虫剂：药剂通过植物的根、茎、叶或种子，被吸收进入植物体内，并能在植株体内输导、存留，当害虫吸取植物汁液时将药剂吸入体内引起中毒。内吸杀虫剂对刺吸式口器害虫有效，如蚜虫、叶蝉。

（4）熏蒸杀虫剂：药剂在常温下能够气化或分解为有毒气体，通过害虫的呼吸系统进入虫体，使害虫产生中毒反应。

（5）特异性杀虫剂：这类杀虫剂进入虫体后一般不是直接对害虫产生致死作用，而是通过干扰或破坏害虫的正常生理功能或行为达到控制害虫的目的。如对害虫产生拒食、驱避、引诱、迷向、不育或干扰脱皮作用的杀虫剂。

二、杀虫剂的作用机理

杀虫剂作用机理包括杀虫剂穿透体壁进入生物体内以及在体内的运转和代谢过程，杀虫剂对靶标的作用机制以及环境条件对毒性和毒效的影响。具体到杀虫剂对害虫的作用上，就是杀虫剂通过各种方式被害虫接收后，对害虫产生的毒杀作用。

根据杀虫剂的主要作用靶标，大致分为以下 4 种作用机理。

（1）神经毒性：以神经系统上的靶标位点、靶标酶或受体作为作用靶标发挥毒性，其药剂统称为神经毒剂。有机磷类、氨基甲酸酯类、拟除虫菊酯类杀虫剂，无论以触杀作用或胃毒作用发挥毒效，它们的作用部位都是神经系统，都属神经毒剂。

（2）呼吸毒性：杀虫剂在与害虫接触后，由于物理的或化学的作用，对呼吸链的某个环节产生了抑制作用，使害虫呼吸发生障碍而窒息死亡。在杀虫剂中呼吸毒剂比较有限，鱼藤酮、哒螨灵是比较成功的电子传导抑制剂。

（3）昆虫生长调节作用：通过抑制昆虫生理发育，如抑制蜕皮、新表皮形成、取食等最后导致害虫死亡。这类杀虫剂主要包括几丁质合成抑制剂、保幼激素类似物和蜕皮激素类似物，如除虫脲、吡丙醚、虫酰肼等。

（4）微生物杀虫剂作用机理：以寄主的靶组织为营养，大量繁殖和复制，如病毒、微孢子虫等；或者释放毒素使寄主中毒，如真菌、细菌等。在微生物杀虫剂中，目前应用最广的是苏云金杆菌，该类杀虫剂不仅大量应用其杆菌制剂。而且，通过对其内毒素基因的遗传工程研究，使转基因杀虫工程菌和转基因抗虫作物得到了商品化应用，如转 Bt 基因抗虫棉。

三、杀虫剂作用机理分类方案

由国际杀虫剂抗性行动委员会（Insecticide Resistance Action Committee, IRAC）批准的杀虫剂作用机理分类方案是以生产中实际使用的杀虫剂的作用机理为基础的（详见表1），同时被国际公认的昆虫毒理、生物化学学术权威所批准。

1. 杀虫剂作用机理分类方案的规则

（1）化学命名基于由英国作物保护局出版的《农药手册》，15 版，Ed. C. D. S. Tomlin，2009 年 11 月。

（2）在分类方案中所有的化合物都要至少在一个国家的作物上登记使用。

（3）在任何一个作用机理分类亚组中，如果存在 1 个以上的化合物，要使用化学亚组的名称。

（4）在任何一个作用机理分类亚组中，如果只有 1 个化合物，就使用该化合物的名称。

2. 关于亚组的分类

分类亚组中的化合物在杀虫剂作用机理分类方案中具有明显的化学分级，其化学结构不同，或者靶标蛋白作用机理不同。

亚组的分类减少了具有相同作用靶标位点但化学结构不同的化合物之间交互抗药性风险发生的概率。

3. 一般事项和作用机理分类方案更新

（1）国际杀虫剂抗性行动委员会制定的作用机理分类方案根据需要定期审查和重新发行。

（2）当前没有登记的、被取代的、过时的或者被撤回的并且不再日常使用的化合物，将不在分类清单中。

表 1 杀虫剂作用机理分类表

主要组和主要作用位点	化学结构亚组和代表性有效成分	举 例
1. 乙酰胆碱酯酶抑制剂	1A 氨基甲酸酯类	抗蚜威、硫双威、丁硫克百威、甲萘威、异丙威、速灭威、仲丁威、混灭威、灭多威
	1B 有机磷类	毒死蜱、辛硫磷、敌敌畏、敌百虫、乙酰甲胺磷、哒嗪硫磷、三唑磷、马拉硫磷、倍硫磷、丙溴磷、氧化乐果、喹硫磷、杀扑磷、稻丰散、硝虫硫磷、水胺硫磷、二嗪磷、杀螟硫磷

（续）

主要组和主要作用位点	化学结构亚组和代表性有效成分	举 例
2. GABA—门控氯离子通道拮抗剂	2A 环戊二烯类 有机氯类	硫丹 林丹
	2B 氟虫腈	氟虫腈、乙虫腈
3. 钠离子通道调节剂	3A 拟除虫菊酯类	溴氰菊酯、氰戊菊酯、氯氰菊酯、高效氯氰菊酯、氯氟氰菊酯、高效氯氟氰菊酯、甲氰菊酯、醚菊酯、氟氯氰菊酯、联苯菊酯
	天然除虫菊酯	除虫菊素（除虫菊）
	3B 滴滴涕 甲氧滴滴涕	滴滴涕 甲氧滴滴涕
4. 烟碱乙酰胆碱受体促进剂	4A 新烟碱类	啶虫脒、吡虫啉、噻虫嗪、烯啶虫胺、氯噻啉、哌虫啶、噻虫啉
	4B 尼古丁	尼古丁
5. 烟碱乙酰胆碱受体的变构拮抗剂	多杀菌素类	多杀菌素、乙基多杀菌素
6. 氯离子通道激活剂	阿维菌素类	阿维菌素、甲氨基阿维菌素苯甲酸盐
7. 模拟保幼激素生长调节剂	7A 保幼激素类似物	烯虫乙酯、烯虫炔酯
	7B 苯氧威	苯氧威
	7C 吡丙醚	吡丙醚
8. 其他非特定的（多点）抑制剂	8A 烷基卤化物	甲基溴和其他烷基卤化物
	8B 氯化苦	氯化苦
	8C 硫酰氟	硫酰氟
	8D 硼砂	硼砂
	8E 吐酒石	吐酒石

(续)

主要组和主要作用位点	化学结构亚组和代表性有效成分	举 例
9. 同翅目选择性取食阻滞剂	9B 吡蚜酮	吡蚜酮
	9C 烟碱	烟碱
10. 螨类生长抑制剂	10A 四嗪类	四螨嗪、噻螨酮
	10B 依杀螨	依杀螨
11. 昆虫中肠膜微生物干扰剂（包括表达 Bt 毒素的转基因植物）	苏云金芽孢杆菌或球形芽孢杆菌和他们生产的杀虫蛋白	苏云金芽孢杆菌；转 Bt 基因作物的蛋白质：Cry1Ab、Cry1Ac、Cry2Ab
12. 氧化磷酸化抑制剂（线粒体 ATP 合成酶抑制剂）	12A 丁醚脲	丁醚脲
	12B 有机锡类	三唑锡、苯丁锡
	12C 炔螨特	炔螨特
	12D 四氯杀螨砜	四氯杀螨砜
13. 氧化磷酸化解偶联剂	虫螨腈 DNOC 氟虫胺	虫螨腈 DNOC 氟虫胺
14. 烟碱乙酰胆碱受体通道拮抗剂	沙蚕毒素类似物	杀虫单、杀螟丹、杀虫双、杀虫安、杀虫环
15. 几丁质生物合成抑制剂，0 类型，鳞翅目昆虫	几丁质合成抑制	氟啶脲、氟铃脲、灭幼脲、虱螨脲、除虫脲、氟虫脲、杀铃脲
16. 几丁质生物合成抑制剂，1 类型，同翅目昆虫	噻嗪酮	噻嗪酮
17. 蜕皮干扰剂，双翅目昆虫	灭蝇胺	灭蝇胺
18. 蜕皮激素促进剂	虫酰肼类	甲氧虫酰肼、虫酰肼、抑食肼

（续）

主要组和主要作用位点	化学结构亚组和代表性有效成分	举 例
19. 章鱼胺受体促进剂	双甲脒	双甲脒
20. 线粒体复合物Ⅲ电子传递抑制剂（偶联位点Ⅱ）	20A 氟蚁腙	氟蚁腙
	20B 灭螨醌	灭螨醌
	20C 嘧螨酯	嘧螨酯
21. 线粒体复合物Ⅰ电子传递抑制剂	21A METI	唑虫酰胺、哒螨灵、唑螨酯、喹螨醚
	21B 鱼藤酮	鱼藤酮
22. 电压依赖钠离子通道阻滞剂	22A 茚虫威	茚虫威
	22B 氰氟虫腙	氰氟虫腙
23. 乙酰辅酶A羧化酶抑制剂	季酮酸类及其衍生物	螺虫乙酯、螺螨酯
24. 线粒体复合物Ⅳ电子传递抑制剂	24A 磷化氢类	磷化铝、磷化锌
	24B 氰化物	氰化物
25. 线粒体复合物Ⅱ电子传递抑制剂	唑螨氰	唑螨氰
26.	暂未确定	
27.	暂未确定	
28. 鱼尼丁受体调节剂	脂肪酰胺类	氯虫苯甲酰胺、氟虫双酰胺
"UN" 作用机理未知或不确定的化合物	印楝素	印楝素
	苦参碱	苦参碱
	溴螨酯	溴螨酯
	联苯肼酯	联苯肼酯
	灭螨猛	灭螨猛
	哒嗪丙醚	哒嗪丙醚

注："UN"表示化合物的毒理学特征未知或者有争议，直到有明显的证据才会使其分类到一个合适的小组中。

（3）杀虫剂作用机理分类方案将有助于开展害虫抗性治理。

（4）在实际应用中，施药者可根据杀虫剂作用机理分类代码的不同，在害虫防治中更好的实施杀虫剂交替、轮换使用。

四、各类杀虫剂作用机理描述

（一）神经和肌肉靶标

目前大多数杀虫剂作用于神经和肌肉靶标。这些类型杀虫剂在这些靶标的反应通常是快速作用。

第1组：乙酰胆碱酯酶（AChE）抑制剂　抑制乙酰胆碱酯酶，造成兴奋过度。AChE 是终止神经突触的兴奋性神经递质乙酰胆碱作用的酶。

第2组：GABA 门控氯离子通道拮抗剂　阻断 GABA 激活氯离子通道，造成兴奋过度和抽搐。GABA 是昆虫神经递质主要抑制剂。

第3组：钠离子通道调节剂　保持钠离子通道的开放，造成兴奋过度，在某些情况下，神经阻滞。钠通道参与沿神经轴突的动作电位的传播。

第4组：烟碱乙酰胆碱受体（nAChR）促进剂　模仿乙酰胆碱受体促进剂作用在 nAChRs，造成兴奋过度。乙酰胆碱是昆虫中枢神经系统兴奋性神经递质。

第5组：烟碱乙酰胆碱受体（nAChR）的变构拮抗剂　异位激活 nAChRs，导致神经系统兴奋过度。

第6组：氯离子通道激活剂　异位激活谷氨酸门控氯离子通道（GluCls），造成虫体瘫痪。谷氨酸是昆虫的一种重要的神经递质抑制剂。

第9组：同翅目选择性取食阻滞剂　造成蚜虫、粉虱等同翅目昆虫取食选择性抑制。

第14组：烟碱乙酰胆碱受体通道拮抗剂　乙酰胆碱受体阻断离子通道，神经系统瘫痪。

第19组：章鱼胺受体促进剂　章鱼胺受体激活，导致兴奋过度。章鱼胺相当于肾上腺素，与飞行神经激素相同。

第22组：电压依赖钠离子通道阻滞剂　阻滞钠离子通道，造成神经系统瘫痪。钠通道参与沿神经轴突的动作电位的传播。

第28组：鱼尼丁受体调节剂　鱼尼丁受体激活肌肉，导致肌肉收缩和虫体瘫痪。鱼尼丁受体能够调节钙离子从钙库中有规律地释放到细胞质中。

（二）生长和发育靶标

昆虫生长发育是受两个主要激素的控制：保幼激素和蜕皮激素。昆虫生长调节剂通过模仿其中一个激素，直接干扰角质层形成、沉积或脂质合成。杀虫剂在这个系统上的作用一般都较缓慢。

第7组：模拟保幼激素生长调节　应用在预变态龄期，这些化合物破坏和防止变态。

第10组：螨类生长抑制剂　使螨类生长受到抑制。

第15组：几丁质生物合成抑制剂，0型　导致鳞翅目昆虫几丁质合成受到抑制。

第16组：几丁质生物合成抑制剂，1型　导致同翅目昆虫几丁质合成受到抑制。

第17组：蜕皮干扰剂　导致双翅目昆虫蜕皮中断。

第18组：蜕皮激素促进剂　模仿蜕皮激素，诱导早熟换毛。

第23组：乙酰辅酶A羧化酶抑制剂　乙酰辅酶A羧化酶是脂质合成的一部分，通过抑制其活性，导致昆虫死亡。

（三）呼吸靶标

线粒体是有氧呼吸产生能量的主要场所。由于线粒体的作用，为生物组织和细胞提供进行生命活动所需的能量或ATP。在线粒体中，电子传递链所释放的能量储存于氧化的质子梯度中，驱动ATP的合成。已知几种杀虫剂通过抑制线粒体呼吸来阻止电子传递或氧化磷酸化。杀虫剂在这个系统上的作用，一般反应快速。

第12组：氧化磷酸化抑制剂（线粒体ATP合成酶抑制剂）　抑制三磷酸腺苷（ATP）酶的合成。

第13组：氧化磷酸化解偶联剂　解偶联剂阻止线粒体质子梯度，使ATP不能合成。

第20组：线粒体复合物Ⅲ电子传递抑制剂　抑制复合物Ⅲ电子传递，阻止细胞内的能量利用。

第21组：线粒体复合物Ⅰ电子传递抑制剂　抑制复合物Ⅰ电子传递，阻止细胞内的能量利用。

第24组：线粒体复合物Ⅳ电子传递抑制剂　抑制复合物Ⅳ电子传递，阻止细胞内的能量利用。

第25组：线粒体复合物Ⅱ电子传递抑制剂　抑制复合物Ⅱ电子传递，阻止细胞内的能量利用。

（四）肠靶标

鳞翅目特定的微生物或毒素，喷雾或在转基因作物品种中表达。

第 11 组：昆虫中肠膜微生物干扰剂（包括表达 Bt 毒素的转基因植物）

毒素结合在昆虫中肠膜受体上，破坏肠道内膜，引起肠道穿孔，使昆虫停止取食，最后因饥饿和败血症而死亡。

（五）未知或不特异靶标

第 8 组：其他非特定的（多点）抑制剂

众所周知，几种杀虫剂靶标位点不明确，或对多个靶标有作用，例如印楝素、苦参碱等。

五、杀虫剂交替和轮换使用

在使用某一种杀虫剂防治某种害虫一段时间后，继续使用原来的剂量，所取得的防治效果却不断下降，以至于成倍地增加农药的使用剂量，也不能够取得很好的防治效果，这种现象就称为抗药性，即表明该种害虫有了抵抗这种杀虫剂的能力。抗药性产生过程就如同过筛，含有抗药性基因的昆虫个体不容易被筛下，而不含有抗药性基因的个体容易被筛下。筛子就是杀虫剂，而筛眼的粗细就是杀虫剂使用剂量，显然当筛眼越细（使用剂量越大），筛选的力度就越大，筛剩下的个体就越大（抗药能力强）。所以，这里筛选的力度被称为选择压。很显然，如果一个杀虫剂连续使用，那它就像用同一个规格筛子不断筛选昆虫种群个体一样，这样就更容易使那些剩下的抗性个体比例数上升，种群适应这种杀虫剂的速度加快，即抗药性产生的速度快；如果间断地使用不同作用机理的杀虫剂，昆虫个体则需要适应不同的环境，向一个方向进化的速度就慢，即抗药性产生的速度则慢。同样，如果筛选的力度越大，筛剩下的个体就越强，它们之间繁殖产生的后代强大的可能性就越大，因此，选择压越大，产生抗药性的速度就越快。

不同作用机理的杀虫剂交替和轮换使用为杀虫剂抗性治理提供了有效和可持续的办法，确保了任一作用机理的杀虫剂对害虫的选择压都是最小的，阻止和延缓了害虫对杀虫剂的抗性进化，或者帮助已经产生抗药性的害虫恢复其敏感性。

不同作用机理的杀虫剂品种轮换和交替使用，降低每种杀虫剂对害虫的筛选强度，降低单向的选择压，可以有效地延缓抗药性的增长。轮换和交替用药是采用作用机制不同的一种或几种药剂轮换使用，例如，两种药剂之间交替使用，或者 3 种药剂轮换使用。这种交替和轮换使用的办法，可以是时间上的，也可以是空间上的，例如，可以在害虫的不同代次或者每一次施药时进行轮换，也可以在不同地块之间进行轮换。

避免同一作用机理杀虫剂互相之间轮换使用，降低具有同一作用机理杀虫剂的选择压。因为同一作用机理杀虫剂之间往往有较强的交互抗药性，如果在同一作用机理杀虫剂中实施交替和轮换使用，害虫种群收到的筛选条件是差不多的，实际上对预防和延缓抗药性产生的速度没有太大的帮助，反而会加速抗药性的产生。例如，拟除虫菊酯类杀虫剂之间有较强的交互抗药性，如果溴氰菊酯和氯氰菊酯交替使用，就达不到延缓抗药性的目的。因此，在使用杀虫剂之前，必须了解所使用杀虫剂的作用机理属于哪一组，不要在同一作用机理的杀虫剂之间进行交替和轮换使用。

第二章

水稻害虫轮换用药防治方案

一、水稻杀虫剂重点产品介绍

异丙威 （isoprocarb）

【作用机理分类】第 1 组（1A）

【化学结构式】

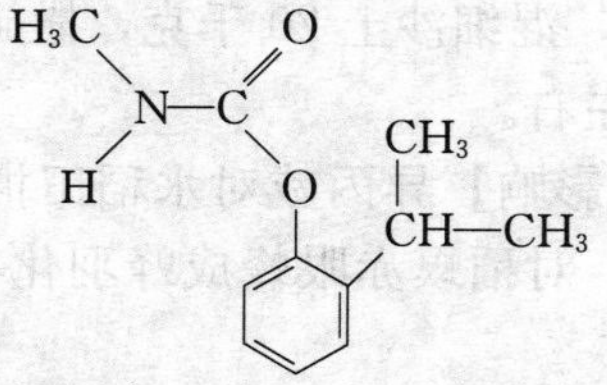

【曾用名】灭扑散、叶蝉散

【理化性质】纯品为白色结晶粉末，工业原药为粉红色片状结晶。熔点：纯品 96～97 ℃，原药 81～91 ℃。沸点：128～129 ℃（2 666 帕）。蒸气压：0.133 3 毫帕（25 ℃），2.8 毫帕（20 ℃）。闪点：156 ℃；密度 0.62。难溶于卤代烷烃、水和芳烃，可溶于丙酮、甲醇、乙醇、二甲亚砜、乙酸乙酯等有机溶剂。

【毒性】中等毒。原药大鼠急性经口 LD_{50} 403～485 毫克/千克，小鼠 487～512毫克/千克。雄大鼠急性经皮 LD_{50}＞500 毫克/千克。对兔眼睛和皮肤刺激性极小，试验动物显示无明显蓄积性，在试验剂量内未发现致突变、致畸、致癌作用。

【防治对象】异丙威具有较强的触杀作用，对昆虫的作用是抑制乙酰胆碱酯酶活性，致使昆虫麻痹死亡。具有胃毒、触杀和熏蒸作用。对稻飞虱及叶蝉科害虫有特效，击倒力强，药效迅速，但残效期短，一般只有3～5天，可兼治蓟马和蚜螨。也可用于防治果树、蔬菜、粮食、烟草、观赏植物上的蚜虫。选择性强，对多种作物安全。可以和大多数杀虫剂或杀菌剂混用。

【使用方法】

（1）水稻害虫　防治稻飞虱、叶蝉，在若虫发生高峰期，每亩*用2％异丙威粉剂1.5～3.0千克，或用4％粉剂1.0千克，或用10％粉剂0.3～0.6千克，直接喷粉。也可用20％异丙威乳油400～500倍液均匀喷雾。

（2）蔬菜害虫　用异丙威烟剂防治保护地黄瓜蚜虫。于傍晚收工前，先将棚室密闭，然后将烟剂分成适量小等份置于瓦片或砖块上，由里向门方向用明火点燃熏烟，次日打开棚室可正常作业。使用剂量为每亩用10％异丙威烟剂商品量300～400克，或用15％异丙威烟剂200～250克。熏烟后一般视虫情和天气情况，用杀虫剂再喷雾一次，这样效果会更好。该烟剂每生长季节可施用4～5次。

（3）柑橘害虫　防治柑橘潜叶蛾，在柑橘放梢时，用20％乳油对水500～800倍液喷雾。

（4）甘蔗害虫　防治甘蔗扁飞虱，留宿根的甘蔗在开垄松蔸培土前，每亩用2％粉剂2.0～2.5千克，混细沙土20千克，撒施于甘蔗心叶及叶鞘间。防治效果良好，可持续7天左右。

【对天敌和有益生物的影响】异丙威对水稻田拟水狼蛛、黑肩绿盲蝽、稻虱缨小蜂有一定杀伤作用，对稻螟赤眼蜂成蜂羽化有不利影响。对蜜蜂有毒，对甲壳纲以外的鱼类低毒。

【注意事项】

（1）本品对薯类作物有药害，不宜在该类作物上使用。

（2）施用本品后10天不可使用敌稗。

（3）我国农药使用准则国家标准规定，2％异丙威粉剂在水稻上的安全间隔期为14天。日本规定，柑橘100天，桃、梅30天，苹果、梨21天，大豆、萝卜、白菜7天，黄瓜、茄子、番茄、辣椒1天。

（4）应在阴凉、干燥处保存，勿靠近粮食和饲料，勿让儿童接触。

（5）在使用过程中如接触中毒，要脱掉污染衣服，并用肥皂水清洗被污染

---

* 亩为非法定计量单位，1亩≈667米²。

的皮肤。如溅入眼中，要用大量清水（最好是食盐水）冲洗 15 分钟以上。如吸入中毒，要把中毒者移到闻不到药味的地方，解开衣服，躺下保持安静。如误服中毒，要给中毒者喝温食盐水（1 杯加入 1 汤匙食盐）催吐，并反复灌食盐水，直到吐出液体变为透明为止。一般急救可服用 0.6 毫克阿托品，或者含在舌根下，使药液溶化后咽下，然后每隔 10～15 分钟服药 1 次，以维持咽喉和皮肤干燥状态。

【主要制剂和生产企业】20％乳油；10％、15％烟剂；2％、4％、10％粉剂。

湖南海利化工股份有限公司、江苏常隆化工有限公司、江苏颖泰化学有限公司、山东华阳科技股份有限公司、湖南国发精细化工科技有限公司、湖北沙隆达（荆州）农药化工有限公司、江西省海利贵溪化工农药有限公司等。

速灭威（metolcarb）

【作用机理分类】第 1 组（1A）

【化学结构式】

【理化性质】纯品是白色晶体。熔点：76～77 ℃。沸点：180 ℃（分解）。30 ℃时在水中溶解度为 2 600 毫克/升，易溶于乙醇、丙酮、氯仿，微溶于苯、甲苯。遇碱分解，受热时也有少量分解，120 ℃时 24 小时分解 4％以上。

【毒性】**中等毒**。原药大鼠经口急性毒性 LD_{50} 为 580 毫克/千克；小鼠经口 268 毫克/千克；大鼠经皮 6 000 毫克/千克。无慢性毒性，无致癌、致畸、致突变作用。

【防治对象】主要用于防治稻飞虱、稻叶蝉、蓟马及椿象等，对稻纵卷叶螟、柑橘锈壁虱、棉红铃虫、蚜虫等也有一定防效。对稻田蚂蟥有良好杀伤作用。

【使用方法】

（1）**水稻害虫**　防治稻飞虱、稻叶蝉，每亩用 20％乳油 125～250 毫升，或 25％可湿性粉剂 125～200 克，对水 300～400 千克泼浇，或对水 100～150 千克喷雾，3％粉剂每亩用 2.5～3 千克直接喷粉。

（2）**棉花害虫** 防治棉蚜、棉铃虫，每亩用 25％可湿性粉剂 200～300 倍液喷雾。棉叶蝉每亩用 3％粉剂 2.5～3 千克直接喷粉。

（3）**柑橘害虫** 防治柑橘锈壁虱，用 20％乳油或 25％可湿性粉剂 400 倍液喷雾。

【对天敌和有益生物的影响】速灭威对水稻田黑肩绿盲蝽、拟水狼蛛等天敌杀伤作用较大。对鱼有毒，对蜜蜂高毒。

【主要制剂和生产企业】20％乳油；25％可湿性粉剂。

湖南国发精细化工科技有限公司、山东华阳科技股份有限公司、湖南海利化工股份有限公司、江苏常隆化工有限公司、浙江省杭州大地农药有限公司、上海东风农药厂等。

仲丁威 （fenobucarb）

【作用机理分类】第 1 组（1A）

【化学结构式】

【曾用名】扑杀威、速丁威、丁苯威、巴沙。

【理化性质】原药（含量为 97％）为无色结晶（20 ℃），液态为淡蓝色或浅粉色，有芳香味。比重：1.050（20 ℃）。纯品熔点：32 ℃，工业品熔点：28.5～31 ℃。沸点：130 ℃（400 帕）。蒸气压：0.53 帕（25 ℃）。20 ℃时在水中溶解度小于 0.01 克/升，丙酮中 2 000 克/升，甲醇中 1 000 克/升，苯中 1 000克/升。在碱性和强酸性介质中不稳定，在弱酸性介质中稳定。受热易分解。

【毒性】**低毒**。原药大鼠急性经口 LD_{50} 为 623.4 毫克/千克，大鼠急性经皮 LD_{50}＞500 毫克/千克；兔急性经皮 LD_{50} 为 10 250 毫克/千克，雄大鼠急性吸入 LC_{50}＞0.366 毫克/升。对兔皮肤和眼睛有很小的刺激性。在试验条件下，致突变作用为阴性，对大鼠未见繁殖毒性（100 毫升/升以下）。对兔未见致畸作用［毫克/（千克·天）］。两年慢性饲喂试验，大鼠无作用剂量为 5 毫克/（千克·天），狗为 11～12 毫克/（千克·天）。对大鼠未见致癌作用（100 毫克/升以下）。鸡未见迟发性神经毒性。鲤鱼 TLm(48 小时) 为 12.6 毫克/升。

【防治对象】具有强烈的触杀作用，并具一定胃毒、熏蒸和杀卵作用。主要通过抑制昆虫乙酰胆碱酯酶使害虫中毒死亡。杀虫迅速，但残效期短，一般只能维持 4～5 天。对飞虱、叶蝉有特效，对蚊、蝇幼虫也有一定防效。

【使用方法】

（1）防治稻飞虱、稻叶蝉，在发生初盛期，用 20％或 25％乳油 500～1 000 倍液；50％乳油 1 000～1 500 倍液或 80％乳油 2 000～3 000 倍液均匀喷雾。

（2）防治三化螟、稻纵卷叶螟，每亩用 25％乳油 200～250 毫升，对水100～150 千克喷雾，即稀释 500～1 000 倍液。

【注意事项】

（1）不得与碱性农药混合使用。

（2）在稻田施药后的前后 10 天，避免使用敌稗，以免发生药害。

（3）仲丁威每人每日允许摄入量（ADI）为 0.006 毫克/千克，水稻上的安全间隔期为 21 天。

（4）中毒后解毒药品为阿托品，严禁使用解磷定和吗啡。

【主要制剂和生产企业】80％、50％、25％、20％乳油；20％水乳剂。

湖南海利化工股份有限公司、山东华阳科技股份有限公司、湖北沙隆达（荆州）农药化工有限公司、湖南国发精细化工科技有限公司等。

混灭威（dimethacarb＋trimethacarb）

【作用机理分类】第 1 组（1A）

【化学结构式】

【理化性质】由灭除威和灭杀威两种同分异构体混合而成的氨基甲酸酯类杀虫剂。原药为淡黄色至红棕色油状液体，微臭，密度约 1.085，温度低于 10 ℃时，有结晶析出，不溶于水，微溶于汽油、石油醚，易溶于甲醇、乙醇、丙酮、苯和甲苯等有机溶剂，遇碱易分解。

【毒性】中等毒。雄大白鼠急性经口毒性 LD_{50} 441～1 050 毫克/千克，雄大白鼠急性经口毒性 LD_{50} 295～626 毫克/千克，小白鼠急性经皮毒性 LD_{50} 大于 400 毫克/千克。对鱼类毒性小，红鲤鱼 TLm（48 小时）为 30.2 毫克/千克。对天敌、蜜蜂高毒。

【防治对象】混灭威对飞虱、叶蝉有强烈触杀作用，一般施药后 1 小时左右，大部分害虫跌落水中。但残效期短，只有 2～3 天。其药效不受温度影响，低温下仍有很好的防效。可用于防治叶蝉、飞虱、蓟马等。

【使用方法】

（1）水稻害虫　防治稻叶蝉，早稻秧田在害虫迁飞高峰期防治 1 次，晚稻秧田在秧苗现青期，每隔 5～7 天用药 1 次；本田防治，早稻在若虫高峰期，每亩用 50％混灭威乳油 50～100 克，对水 300～400 千克泼浇，或对水 60～70 千克，即稀释 1 000～1 500 倍液均匀喷雾。

防治稻蓟马，一般掌握在若虫盛孵期施药。防治指标为：秧田 4 叶期后每百株有虫 200 头以上；或每百株有卵 300～500 粒或叶尖初卷率达 5％～10％。本田分蘖期每百株有虫 300 头以上或有卵 500～700 粒，或叶尖初卷率达 10％左右。每亩用 50％混灭威乳油 50～60 毫升，对水 50～60 千克喷雾，即稀释 1 000 倍液。

防治稻飞虱，通常在水稻分期到圆秆拔节期，平均每丛稻有虫（大发生前一代）1 头以上或每平方米有虫 60 头以上；在孕穗期、抽穗期，每丛有虫（大发生当代）5 头以上，或每平方米有虫 300 头以上；在灌浆乳熟期，每丛有虫（大发生当代）10 头以上，或每平方米有虫 600 头以上；在蜡熟期，每丛有虫（大发生当代）15 头以上，或每平方米有虫 900 头以上，应该防治。用药量及施用防治同稻叶蝉。

（2）棉花害虫　防治棉蚜指标为：大面积有蚜株率达到 30％，平均单株蚜数近 10 头，以及卷叶率达到 5％。每亩用 50％混灭威乳油 38～50 毫升，约稀释 1 000 倍液。

防治棉铃虫指标为：在黄河流域棉区，当二、三代棉铃虫大发生时，如百株卵量骤然上升，超过 15 粒，或者百株幼虫达到 5 头时进行防治。每亩用 50％混灭威乳油 100～200 毫升，稀释 1 000 倍液均匀喷雾。

【注意事项】

（1）不可与碱性农药混用。

（2）收获前 7 天停止用药。有疏果作用，宜在花期后 14～21 天使用最好。

（3）对蜜蜂毒性大，花期禁用。

（4）烟草、玉米、高粱、大豆敏感，应严格控制用药量，尤其是烟草，一般不宜使用。

（5）如发生中毒，可服用或注射硫酸阿托品治疗。

【主要制剂和生产企业】50％乳油。

江苏常隆化工有限公司、江苏颖泰化学有限公司。

毒死蜱（chlorpyrifos）

【作用机理分类】第 1 组（1B）

【化学结构式】

【曾用名】氯吡硫磷、乐斯本、好劳力、同一顺、新农宝

【理化性质】原药为白色颗粒状结晶，室温下稳定，有硫醇臭味。密度：1.398(43.5 ℃)。熔点：41.5～43.5 ℃。蒸气压：2.5 毫帕（25 ℃）。水中溶解度为 1.2 毫克/升，溶于大多数有机溶剂。

【毒性】中等毒。在动物体内代谢较快。大白鼠急性经口 LD_{50} 为 163 毫克/千克（雄），135 毫克/千克（雌）；急性经皮 LD_{50} 大于 2 000 毫克/千克；对眼睛、皮肤有刺激性，长时间多次接触会产生灼伤。在试验剂量下未见致畸、致突变、致癌作用。

【防治对象】可用于防治稻、麦、棉、蔬菜、果树、茶叶等作物害虫。在土壤中残留期较长，对地下害虫的防治效果较好。可用于防治水稻纵卷叶螟、三化螟、棉盲蝽、柑橘潜叶蛾、苹果桃小食心虫、苹果蚜虫、甜菜夜蛾、韭蛆、小麦吸浆虫等。

【使用方法】

（1）水稻害虫　防治稻纵卷叶螟，亩用有效成分 48 克（例如 40％毒死蜱乳油 120 毫升），在稻纵卷叶螟卵孵化高峰至二龄幼虫高峰前喷雾。

防水稻二化螟，亩用阿维菌素有效成分 0.625 克＋毒死蜱有效成分 24 克（例如 1.8％阿维菌素乳油 35 毫升＋40％毒死蜱乳油 60 毫升），在二化螟卵孵化高峰期喷雾。

防治水稻三化螟，亩用有效成分 40～50 克（例如 40％毒死蜱乳油 100～125 毫升），在三化螟卵孵化盛期喷雾施药。

（2）**蔬菜害虫**　防治甜菜夜蛾，亩用有效成分 20～24 克（例如 40％毒死蜱乳油 50～60 毫升），在甜菜夜蛾低龄期（幼虫二龄期前）喷雾。

防治韭蛆，亩用有效成分 160 克（例如 40％毒死蜱乳油 400 毫升），于韭菜初现症状时（叶尖黄、软、倒伏），对水稀释，均匀淋浇在韭菜根茎处。

（3）**棉花害虫**　防治棉盲椿象，亩用有效成分 40 克（例如 40％毒死蜱乳油 100 毫升），在盲椿象低龄若虫期喷雾。

（4）**小麦害虫**　防治小麦吸浆虫，亩用有效成分 80～100 克（例如 40％毒死蜱乳油 200～250 毫升）拌毒土 20 千克，在小麦吸浆虫化蛹出土前撒施在麦田中。

（5）**果树害虫**　防治柑橘潜叶蛾，用有效成分浓度 400 毫克/升（例如 40％毒死蜱乳油 1 000 倍液），于潜叶蛾始盛期、柑橘新梢约 3 毫米时施药。

防治苹果桃小食心虫，用有效成分浓度 200～250 毫克/升（例如 40％毒死蜱乳油 1 600～2 000 倍液），在越冬代成虫羽化盛期，卵果率达 1％～2％时喷雾，药后 10 天施第二次药。

防治苹果蚜虫，用有效成分浓度 200 毫克/升（例如 40％毒死蜱乳油 2 000 倍液），在蚜虫发生始盛期喷雾。

【对天敌和有益生物的影响】毒死蜱对稻田蜘蛛、黑肩绿盲蝽、隐翅虫等捕食性天敌有一定杀伤力，对稻螟赤眼蜂羽化有不利影响。对虾和鱼高毒，对蜜蜂有较高的毒性。

【注意事项】

（1）避免与碱性农药混用。施药时做好防护工作；施药后用肥皂清洗。

（2）为保护蜜蜂，应避免作物开花期使用。

（3）避免药液流入鱼塘、湖、河流；清洗喷药器械或弃置废料勿污染水源，特别是养虾塘附近不要使用。

（4）瓜苗应在瓜蔓 1 米长以后使用。对烟草有药害。

（5）各种作物收获前停止用药的安全间隔期，棉花为 21 天，水稻 7 天，小麦 10 天，甘蔗 7 天，啤酒花 21 天，大豆 14 天，花生 21 天，玉米 10 天，叶菜类 7 天。

【主要制剂和生产企业】48%、40.7%、40%、20%乳油；50%、30%、25%可湿性粉剂；480 克/升、30%微乳剂；40%、30%水乳剂；30%微囊悬浮剂；15%烟雾剂；14%、10%、5%、3%颗粒剂。

山东华阳科技股份有限公司、江苏省南京红太阳股份有限公司、浙江新农化工股份有限公司、美国陶氏益农公司等。

三唑磷（triazophos）

【作用机理分类】第 1 组（1B）

【化学结构式】

【理化性质】纯品为浅棕黄色油状物。熔点：2～5 ℃。蒸气压：0.39 毫帕（30 ℃），13 毫帕（55 ℃）。油水分配系数 3.34。溶解度：水 39 毫克/升（pH＝7，23 ℃），可溶于大多数有机溶剂，对光稳定，在酸、碱溶液中水解。

【毒性】中等毒。大鼠急性经口 LD_{50} 为 57～68 毫克/千克，急性经皮 LD_{50}＞2 000毫克/千克，鲤鱼 LC_{50}（96 小时）5.6 毫克/升，金雅罗鱼 LC_{50}（21 天）11 毫克/升，鳟鱼 0.01 毫克/升，日本鹌急性经口 LD_{50} 4.2～27.1 毫克/千克（取决于性别和载体），LC_{50} 为 325 毫克/千克（8 天，膳食）。

【防治对象】三唑磷具有强烈的触杀和胃毒作用，渗透性强，杀虫效果好，杀卵作用明显，无内吸作用。用于水稻等多种作物防治多种害虫，是防治水稻螟虫的优秀杀虫剂。可用于防治水稻、棉花、玉米、果树、蔬菜等的二化螟、三化螟、稻飞虱、稻蓟马、稻瘿蚊、卷叶螟、棉铃虫、红铃虫、蚜虫、松毛虫、菜青虫、蓟马、叶螨、线虫等害虫。

【使用方法】

（1）水稻害虫　防治二化螟有效成分用量为 30～40 克/亩（例如 20%三唑磷乳油 150～200 毫升/亩），在二化螟卵孵化盛期喷雾施药。

（2）蔬菜害虫　防治菜青虫，100～125 毫升/亩，幼虫高峰期施药。

【对天敌和有益生物的影响】三唑磷对水稻田间四点亮腹蛛、八斑球腹蛛、拟水狼蛛、圆尾蟏蛸蛛、青翅蚁型隐翅虫等天敌有一定杀伤力，对稻螟赤眼蜂成蜂存活有不利影响，降低稻虱缨小蜂羽化率。

【注意事项】

（1）蜜蜂、蚕、鱼对本品比较敏感，不能直接接触。

（2）使用本品防治水稻螟虫时，稻飞虱会活动猖獗，如需兼治飞虱，宜配合使用噻嗪酮等药剂。

（3）作物收获前 7 天，停止使用本品。

【主要制剂和生产企业】 40％、30％、20％、13.5％、10％乳油；40％、20％、15％、8％微乳剂；20％水乳剂；3％颗粒剂。

浙江新农化工股份有限公司、浙江永农化工有限公司、江苏粮满仓农化有限公司、安徽省池州新赛德化工有限公司、浙江巨化股份有限公司兰溪农药厂、上海农药厂、福建省建瓯福农化工有限公司、湖南海利化工股份有限公司、浙江东风化工有限公司、江苏好收成韦恩农药化工有限公司、湖北沙隆达股份有限公司、浙江一帆化工有限公司、福建三农集团股份有限公司、江苏长青农化股份有限公司等。

丙溴磷（profenofos）

【作用机理分类】 第 1 组（1B）

【化学结构式】

【曾用名】 溴氯磷、多虫磷

【理化性质】 纯品为浅黄色液体。沸点：110 ℃（0.13 帕）。20 ℃时，蒸气压约为 0.001 3 帕。密度：1.546 6。微溶于水，20 ℃水中的溶解度为 20 毫克/升，易溶于常用有机溶剂。

【毒性】 **中等毒。** 大鼠急性口服 LD_{50} 为 358 毫克/千克，急性经皮 LD_{50} 为 3 300 毫克/千克。

【防治对象】 丙溴磷是一种高效、低毒、广谱有机磷杀虫剂，有很好的触杀、胃毒作用，速效性较好。在植物叶上有较好的渗透性，但无内吸作用。因具有三元不对称独特结构，所以防治对有机氯、有机磷、氨基甲酸酯等杀虫剂具有抗性的害虫效果显著。能有效地防治棉花、蔬菜上的害虫红蜘蛛及卵。尤其对抗性棉铃虫、甜菜夜蛾等有特效。

【使用方法】

（1）水稻害虫 防治稻飞虱，在水稻分蘖末期或圆秆期，若平均每丛水稻（指每亩有稻丛 4 万）有虫 1 头以上即应防治。每亩用 50％乳油 75～100 毫升（有效成分 37.5～50 克），对水 75 千克喷雾。

防治稻纵卷叶螟，重点防治水稻穗期为害世代，在一至二龄幼虫高峰期施药，一般发生年份防治 1 次，大发生年份防治 1～2 次，并适当提早第一次用药时间。每亩用 50％乳油 75 毫升（有效成分 37.5 克），对水 100 千克喷雾。

防治稻蓟马，在若虫盛孵期施药，每亩用 50％乳油 50 毫升（有效成分 25克），对水 75 千克喷雾。

（2）棉花害虫 防治棉蚜，在棉花 4～6 片真叶的苗蚜发生期，当有蚜株率达 30％，平均单株近 10 头蚜虫，卷叶株率达 5％时，每亩用 50％乳油 20～30 毫升（有效成分 10～15 克），对水 50～75 千克叶背喷雾。防治伏蚜每次每亩用 50％乳油 50～60 毫升（有效成分 25～30 克），对水 100 千克叶背均匀常量喷雾。

防治红蜘蛛，在棉花苗期根据红蜘蛛发生情况及时防治，每亩用 50％乳油 40～60 毫升（有效成分 20～30 克），对水 75 千克均匀喷雾。

防治棉铃虫，在黄河流域棉区二、三代棉铃虫发生时，百株卵量骤增，超过 15 粒，或百株三龄前幼虫达到 5 头开始防治。每亩用 50％乳油 133 毫升（有效成分 67 克），对水 100 千克喷雾。

（3）小麦害虫 麦田齐苗后，有蚜株率 5％，百株蚜量 10 头左右；冬麦返青拔节前，有蚜株率 20％，百株蚜量 5 头以上施药。每亩用 50％乳油 25～37.5 毫升（有效成分 12.5～18.8 克），对水 50 千克喷雾。

【对天敌和有益生物的影响】丙溴磷对蜘蛛、黑肩绿盲蝽等捕食性天敌有一定杀伤力。

【注意事项】

（1）对苜蓿和高粱有药害，不宜使用。

（2）不宜与碱性农药混用。

（3）在棉花上用药安全间隔期为 5～12 天。

（4）果园中不宜使用。

【主要制剂和生产企业】50％、40％、20％乳油；25％超低容量喷雾剂；5％、3％颗粒剂。

江苏宝灵化工有限公司、浙江一帆化工有限公司、山东省烟台科达化工有限公司、江苏连云港立本农药化工有限公司、山东省威海市农药厂、青岛双收农药化工有限公司、瑞士先正达作物保护有限公司等。

稻丰散（phenthoate）

【作用机理分类】第 1 组（1B）
【化学结构式】

【曾用名】爱乐散、益尔散、甲基乙酯磷

【理化性质】纯品为无色具有芳香味的结晶，90％～92％原油为黄褐色油状液。密度：1.226。熔点：17～18 ℃。沸点：145～150 ℃（66.7 帕）。蒸气压：5.33 帕（40 ℃）。闪点：168～172 ℃。不溶于水，易溶于乙醇、丙酮等大多数有机溶剂。在酸性介质中稳定，在碱性介质中（pH 9.7）放置 20 天可降解 5％。室内储存年减低率为 1％～2％。

【毒性】中等毒。大鼠急性经口 LD_{50} 300～400 毫克/千克；急性经皮 LD_{50} 大于 5 000 毫克/千克。小鼠急性经口 LD_{50} 350～400 毫克/千克。对眼睛和皮肤无刺激作用，在试验剂量下对动物无致癌、致畸、致突变作用。对蜜蜂有毒。

【防治对象】稻丰散具有触杀和胃毒作用，对多种咀嚼式口器和刺吸式口器害虫以及害螨有效。主要用于水稻、棉花、果树、蔬菜、油料作物、茶树、桑树等，防治鳞翅目、同翅目、鞘翅目等多种害虫。

【使用方法】防治水稻纵卷叶螟，亩用有效成分 60 克（例如 50％稻丰散乳油 120 毫升），在稻纵卷叶螟卵孵化高峰期喷施。

防治柑橘介壳虫，用有效成分浓度 500 毫克/千克（例如 50％稻丰散乳油 1 000 倍液），在一、二龄若蚧发生盛期喷雾。

【注意事项】

（1）对葡萄、桃、无花果和苹果的某些品种有药害，不宜使用。

（2）对鱼和蜜蜂有毒，特别对鲻鱼、鳟鱼影响大，使用时防止毒害。

（3）茶树在采茶前 30 天，桑树在采叶前 15 天内禁用。

【主要制剂和生产企业】60％、50％乳油；40％可湿性粉剂；5％油剂；

40％粉剂；2％颗粒剂；85％水溶性粉剂；90％、75％超低容量油剂。

江苏腾龙生物药业有限公司。

噻虫嗪 （thiamethoxam）

【作用机理分类】第 4 组

【化学结构式】

【曾用名】阿克泰

【理化性质】原药为类白色结晶粉末。熔点：139.1 ℃，蒸气压：6.6×10^{-9}帕（25 ℃）。

【毒性】**低毒**。大鼠急性经口 LD_{50}：1 563 毫克/千克，大鼠急性经皮 LD_{50}：＞1 563 毫克/千克，大鼠急性吸入 LC_{50}（4 小时）：3 720 毫克/米³，对兔眼和皮肤无刺激。

【防治对象】噻虫嗪具有广谱的杀虫活性，对害虫具有胃毒和触杀活性，并具有强内吸传导性。可以有效防治鳞翅目、鞘翅目、缨翅目和同翅目害虫，如：蚜虫、叶蝉、粉虱、飞虱、蓟马、粉蚧、金龟子幼虫、跳甲、马铃薯甲虫、地面甲虫、潜叶蛾、稻蚧、线虫、土鳖虫、潜叶蝇、土壤害虫以及一些鳞翅目害虫等，对害虫卵也有一定的杀灭作用。由于具有强内吸传导特性，除用于喷雾外，还被广泛应用于种子处理和土壤处理。

【使用方法】防治水稻褐飞虱，有效成分 0.8～1.2 克/亩（如 25％噻虫嗪水分散粒剂，亩用 3.2～4.8 克/亩），在有水环境下，褐飞虱低龄若虫高峰期施药。

防治水稻白背飞虱，有效成分 0.8～1.2 克/亩（如 25％噻虫嗪水分散粒剂，亩用 3.2～4.8 克/亩），在有水环境下，白背飞虱低龄若虫高峰期施药。

防治蔬菜烟粉虱，有效成分 4 克/亩（如 25％噻虫嗪水分散粒剂 16 克/亩），在若虫始发期喷雾施药。

防治棉花蚜虫，有效成分 1.5 克/亩（如 25％噻虫嗪水分散粒剂 6 克/亩），在棉花蚜虫始盛期对水 30～50 千克喷雾。

防治柑橘蚜虫，有效成分浓度 10 毫克/千克（如 25％噻虫嗪水分散粒剂 2 500 倍液），于柑橘蚜虫若虫始盛期喷雾。

防治茶小绿叶蝉，有效成分 1.5 克/亩（例如 25％噻虫嗪水分散粒剂 6 克/亩），在茶小绿叶蝉始盛发期喷雾使用，宜与速效性的菊酯类药剂混用。

【对天敌和有益生物的影响】噻虫嗪对捕食性天敌黑肩绿盲蝽影响较大，对寄生性天敌稻螟赤眼蜂、稻虱缨小蜂有一定杀伤力。

【注意事项】噻虫嗪低毒，一般不会引起中毒事故，如误食引起不适等中毒症状，没有专门解毒药剂，可请医生对症治疗。在推荐剂量下，对作物、环境安全，无药害。

【主要制剂和生产企业】25％水分散粒剂，70％种子处理可分散粉剂。
瑞士先正达公司。

烯啶虫胺（nitenpyram）

【作用机理分类】第 4 组
【化学结构式】

【理化性质】纯品为浅黄色结晶体。熔点：83～84 ℃。密度：1.40(26 ℃)。蒸气压：1.1×10^{-9} 帕（25 ℃）。溶解度（20 ℃）：水（pH＝7)840 克/升、氯仿 700 克/升、丙酮 290 克/升、二甲苯 4.5 克/升。

【毒性】低毒。大鼠急性经口（雄）LD_{50} 1 680 毫克/千克。经皮毒性 LD_{50} 大于 2 000 毫克/千克，鲤鱼 LD_{50} 大于 1 000 毫克/千克（48 小时），对皮肤、眼无刺激致敏性，对鸟类及水生动物均低毒。

【防治对象】烯啶虫胺具有卓越的内吸和渗透作用，用量少，毒性低，持效期长，对作物安全无药害，可应用于水稻、小麦、棉花、黄瓜、茄子、萝卜、番茄、马铃薯、甜瓜、西瓜、桃、苹果、梨、柑橘、葡萄、茶上，防治稻飞虱、蚜虫、蓟马、白粉虱、烟粉虱、叶蝉、蓟马等，防治对传统杀虫剂已产生抗性的害虫有较好的效果，是至今烟碱类农药最新产品之一。

【使用方法】

（1）水稻害虫　防治水稻飞虱，用10％烯啶虫胺可溶液剂2 000～3 000倍液均匀喷雾，喷雾时重点喷水稻的中下部。

（2）蔬菜害虫　防治蔬菜烟粉虱、白粉虱，用10％烯啶虫胺可溶液剂2 000～3 000倍液均匀喷雾，温室内使用时注意要将周围的墙壁及棚膜都要喷上药液。

防治蔬菜蓟马，用10％烯啶虫胺可溶液剂3 000～4 000倍液均匀喷雾。

（3）棉花害虫　防治棉蚜，用量为有效成分2克/亩（例如10％烯啶虫胺水剂20毫升/亩），在蚜虫始盛期对水30～50千克喷雾。

（4）果树害虫　防治苹果黄蚜，用量为有效成分浓度40毫克/千克（例如10％烯啶虫胺水剂2 500倍液）对果树茎叶喷雾。

防治柑橘蚜虫，用量为有效成分浓度40毫克/千克（例如10％烯啶虫胺水剂2 500倍液），于柑橘蚜虫若虫始盛期喷雾。

【主要制剂和生产企业】10％烯啶虫胺可溶液剂。

江苏南通江山农药化工股份有限公司、江苏连云港立本农药化工有限公司。

氯噻啉（imidaclothiz）

【作用机理分类】第4组

【化学结构式】

【理化性质】原药（含量≥95％），外观为黄褐色粉状固体。熔点：146.8～147.8℃；溶解度（克/升，25℃）：水中5，乙腈中50，二氯甲烷中20～30，甲苯中0.6～1.5，二甲基亚砜中260。常温储存稳定。

【毒性】低毒。原药对皮肤和眼睛无刺激性；无致敏性。10％氯噻啉可湿性粉剂对斑马鱼LC_{50}（48小时）为72.16毫克/升，鹌鹑LD_{50}（7天）28.87毫克/千克，蜜蜂LC_{50}（48小时）为10.65毫克/升，家蚕LC_{50}（二龄）为0.32毫克/千克。该药对鱼为低毒，对鸟中等毒，对蜜蜂、家蚕为高毒。

【防治对象】杀虫谱广，可用在小麦、水稻、棉花、蔬菜、果树、烟叶等多种作物上防治蚜虫、叶蝉、飞虱、蓟马、粉虱，同时对鞘翅目、双翅目和鳞翅目害虫也有效，尤其对水稻二化螟、三化螟毒力很高。在使用中防治效果一般不受温度高低的限制。

【使用方法】防治水稻飞虱，用 10％可湿性粉剂 10～20 克对水 30～50 千克喷雾。

防治蔬菜蚜虫，使用剂量为有效成分 2 克/亩（例如 10％氯噻啉可湿性粉剂 20 克/亩），在蚜虫始盛期喷雾使用。

防治棉花蚜虫，使用剂量为有效成分 2 克/亩（例如 10％氯噻啉可湿性粉剂 20 克/亩），在蚜虫始盛期对水 30～50 千克喷雾。

防治苹果蚜虫，用有效成分浓度 20 毫克/升（例如 10％氯噻啉可湿性粉剂 5 000 倍液），在蚜虫发生始盛期喷雾。

【注意事项】使用该药时注意防止对蜜蜂、家蚕的危害，在桑田附近及作物开花期不宜使用。

【主要制剂和生产企业】10％可湿性粉剂。

江苏省南通江山农药化工股份有限公司。

哌虫啶

【作用机理分类】第 4 组
【化学结构式】

【曾用名】吡咪虫啶、啶咪虫醚
【理化性质】纯品为淡黄色粉末。熔点：130.2～131.9 ℃。溶解于水中（0.61 克/升）、乙腈（50 克/升）、二氯甲烷（55 克/升）及丙酮、氯仿等溶剂。蒸气压：200 毫帕（20 ℃）。

【毒性】低毒。该药原药对雌、雄大鼠急性经口 $LD_{50} > 5\ 000$ 毫克/千克，对雌、雄大鼠急性经皮 $LD_{50} > 5\ 150$ 毫克/千克。对大鼠亚慢性（91 天）经口毒性试验表明：最大无作用剂量为 30 毫克/（千克·天）；对雌、雄小鼠微核或骨髓细胞染色体无影响，对骨髓细胞的分裂也未见明显的抑制作用，显性致死或生殖细胞染色体畸变结果是阴性、Ames 试验结果为阴性。

【防治对象】哌虫啶为上海华东理工大学和江苏克胜集团股份有限公司联合开

发的新型高效、低毒、广谱新烟碱杀虫剂，主要用于防治同翅目害虫。该药剂可广泛用于果树、小麦、大豆、蔬菜、水稻和玉米等多种作物害虫的防治。

【使用方法】防治稻飞虱，每亩用有效成分 2.5～3.5 克，喷雾时重点喷水稻的中下部。

【主要制剂和生产企业】10％哌虫啶悬浮剂。

江苏克胜集团股份有限公司。

噻虫啉（thiacloprid）

【作用机理分类】第 4 组
【化学结构式】

【理化性质】微黄色粉末。蒸气压：$3×10^{-10}$ 帕（20 ℃）。水中溶解度：185 毫克/升（20 ℃）。

【毒性】低毒。大鼠（雄）急性口服 LD_{50}：836 毫克/千克，雌：444 毫克/千克；大鼠（雄、雌）急性致死 LD_{50}（24 小时）：＞2 000 毫克/千克；大鼠（雄）急性吸入 LC_{50}（4 小时，气雾）：＞2 535 毫克/米³ 空气，（雌）：1 223 毫克/米³ 空气。对兔皮肤无刺激作用（4 小时）；对兔眼睛无刺激作用（24 小时）；对豚鼠皮肤无致敏作用；对大鼠无致癌作用；对大鼠和兔无原发的发育毒性；无遗传和致突变作用。

【防治对象】噻虫啉对仁果类水果、棉花、蔬菜和马铃薯上的重要害虫有优异的防效。除对蚜虫和粉虱有效外，对各种甲虫（如马铃薯甲虫、苹花象甲、稻象甲）和鳞翅目害虫如苹果树上的潜叶蛾和苹果蠹蛾也有效，并且适用于相应的所有作物。噻虫啉的土壤半衰期短，对鸟类、鱼和多种有益节肢动物安全。对蜜蜂很安全，在作物花期也可以使用。

【使用方法】防治稻飞虱，每亩用有效成分 5.04～6.72 克，喷雾时重点喷水稻的中下部。

防治稻蓟马，每亩用有效成分 3.36～6.72 克，在低龄若虫盛发期喷雾。

【主要制剂和生产企业】1％、2％微囊悬浮剂；40％、48％悬浮剂；50％

水分散粒剂。

　　江苏中旗化工有限公司、江西天人生态股份有限公司、利民化工股份有限公司、陕西韦尔奇作物保护有限公司、湖南比德生化科技有限公司、山东省联合农药工业有限公司等。

阿维菌素（abamectin）

【作用机理分类】第 6 组
【化学结构式】

阿维菌素B$_{1a}$
（主要成分）

阿维菌素B$_{1b}$
（次要成分）

【曾用名】齐墩霉素、齐螨素、螨虫素、除虫菌素、害极灭、爱福丁、虫螨光

【理化性质】原药为白色至黄色结晶粉，无味。光解迅速，半衰期4小时。易溶于乙酸乙酯、丙酮、三氯甲烷，略溶于甲醇、乙醇，在水中几乎不溶。

【毒性】**高毒**。大白鼠急性经口 LD_{50} 10毫克/千克，急性经皮 LD_{50} 380毫克/千克，急性吸入 LC_{50} 5.76毫克/升。对眼睛有轻度刺激。人每日允许摄入量为0～0.0001毫克/千克。在土壤中，能被微生物迅速降解，无生物富集。

【防治对象】阿维菌素对害虫具有触杀和胃毒作用，并有微弱的熏蒸作用，无内吸作用，但对叶片有很强的渗透作用，可杀死表皮下的害虫，使得阿维菌素对害螨、潜叶蝇、潜叶蛾以及其他钻蛀性害虫或刺吸式害虫等常规药剂难以防治的害虫有高效，且有较好的持效期。适用于防治蔬菜、花卉、果树、农作物上的双翅目、鞘翅目、同翅目、鳞翅目害虫和螨类，对害虫持效期8～10天，对害螨可达30天左右，无杀卵作用。杀虫效果受下雨影响小。

【使用方法】

（1）**水稻害虫** 防治稻纵卷叶螟，每亩用有效成分0.72～0.9克（例如1.8%阿维菌素乳油40～50毫升）。在稻纵卷叶螟幼虫二龄前喷雾，最好在卵孵化盛期施药。

（2）**棉花害虫** 防治棉红蜘蛛，每亩用有效成分0.27～0.36克（例如1.8%阿维菌素乳油15～20毫升），在棉红蜘蛛始盛发期喷雾施药。

（3）**果树害虫** 防治柑橘潜叶蛾，用有效成分浓度9毫克/千克（例如1.8%阿维菌素乳油2000倍液），于潜叶蛾始盛期、柑橘新梢约3毫米时喷雾施药。

防治苹果桃小食心虫，用有效成分浓度9毫克/升（例如1.8%阿维菌素乳油2000倍液），在越冬代成虫羽化盛期，卵果率达1%～2%时喷雾，药后10天再施第二次。

防治苹果叶螨，用有效成分浓度12毫克/千克（例如1.8%阿维菌素乳油1500倍液），在苹果叶螨发生始盛期施药，施药方法为叶面喷雾。

【对天敌和有益生物的影响】阿维菌素对稻田蜘蛛、黑肩绿盲蝽等捕食性天敌有一定杀伤力，有直接的触杀作用。对鱼类有毒，对蜜蜂高毒，对鸟类低毒。

【注意事项】

（1）避免药剂接触皮肤，以免皮肤吸收发生中毒。避免药剂溅入眼中，或吸入药雾，如果药剂接触皮肤或衣服，立即用大量清水和肥皂清洗，并请医生诊治。如有误服，立即引吐并给患者服用吐根糖浆或麻黄素，但切勿给已昏迷的患者喂任何东西或催吐。

（2）对鱼高毒，应避免污染水源。对蜜蜂有毒，不要在开花期施用。

（3）配好的药液应当日使用。该药对光照较敏感，不要在强光下施药。

（4）最后一次施药距收获期 20 天。

【主要制剂和生产企业】5％、2％、1.8％、1％、0.9％、0.6％、0.5％、0.3％乳油；1％、0.5％可湿性粉剂；2％微乳剂；1.8％水乳剂；1.2％微囊悬浮剂。

河北威远生物化工股份有限公司、广西桂林集琦生化有限公司、浙江钱江生化股份有限公司、深圳诺普信农化股份有限公司、浙江海正药业股份有限公司等。

甲氨基阿维菌素苯甲酸盐（emamectin）

【作用机理分类】第 6 组

【化学结构式】

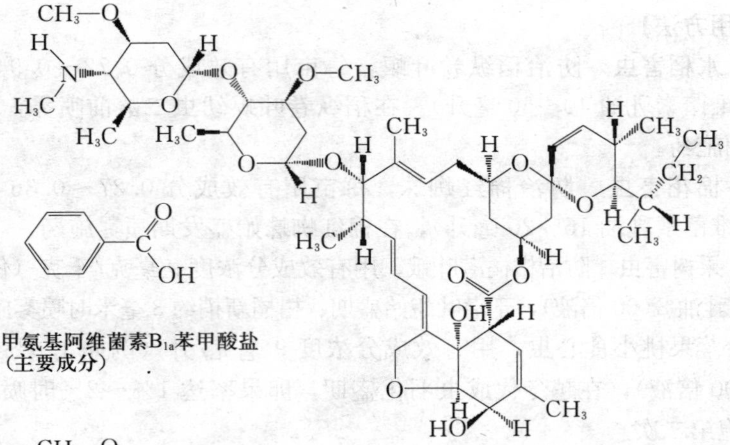

甲氨基阿维菌素B$_{1a}$苯甲酸盐
（主要成分）

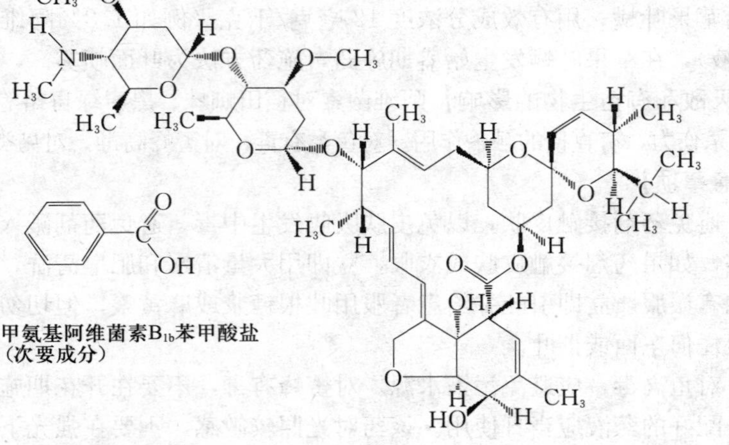

甲氨基阿维菌素B$_{1b}$苯甲酸盐
（次要成分）

【理化性质】原药为白色或淡黄色结晶粉末。熔点：$141\sim146\,^{\circ}\mathrm{C}$。溶于丙酮和甲醇，微溶于水，不溶于己烷。在通常储存的条件下稳定。

【毒性】**中等毒**。大白鼠急性经口 LD_{50} 92.6（雌）~126（雄）毫克/千克；急性经皮 LD_{50} 108（雌）~126（雄）毫克/千克。对家兔皮肤无刺激性，对家兔眼黏膜有中等刺激作用。

【防治对象】对多种鳞翅目、同翅目害虫及螨类具有很高活性，对一些已产生多抗性的害虫如小菜蛾、甜菜夜蛾及棉铃虫等也具有极高的防治效果。

【使用方法】

（1）**水稻害虫**　防治稻纵卷叶螟，用量为有效成分 $0.5\sim0.6$ 克/亩，在稻纵卷叶螟卵孵高峰至一、二龄幼虫高峰期施药。

（2）**蔬菜害虫**　防治蔬菜小菜蛾，用量为有效成分 $0.15\sim0.25$ 克/亩，在小菜蛾卵孵化盛期至幼虫二龄以前喷雾施药。

防治蔬菜甜菜夜蛾，用量为有效成分 $0.3\sim0.4$ 克/亩对水 50 千克喷雾 1 次，在甜菜夜蛾幼虫低龄期（二龄期前）喷雾。

（3）**棉花害虫**　防治棉铃虫，用量为有效成分 $10\sim12$ 毫升/升（例如 1% 甲氨基阿维菌素苯甲酸盐乳油 $833\sim1\,000$ 倍液），在田间棉铃虫卵孵化盛期喷雾使用。

防治棉盲蝽，用量为有效成分 0.5 克/亩，在棉盲蝽低龄若虫盛发期喷雾。

（4）**玉米害虫**　防治玉米螟，用量为有效成分 $1.08\sim1.44$ 克/亩，于玉米心叶末期，玉米花叶率达到 10%，按每亩拌 10 千克细沙成为毒土，撒入玉米心叶丛最上面 $4\sim5$ 个叶片内。

（5）**果树害虫**　防治苹果红蜘蛛，用量为有效成分浓度 $2\sim3$ 毫克/千克（例如 1% 甲氨基阿维菌素苯甲酸盐乳油 $3\,333\sim5\,000$ 倍液）在苹果红蜘蛛发生始盛期喷雾，至叶片完全润湿为止。

防治桃小食心虫，用量为有效成分浓度 6 毫克/千克（例如 1% 甲氨基阿维菌素苯甲酸盐乳油 $1\,670$ 倍液），于桃小食心虫卵盛期施药。

【对天敌和有益生物的影响】甲氨基阿维菌素苯甲酸盐对草间钻头蛛、八斑球蛛、拟水狼蛛等捕食性天敌有一定杀伤力。

【注意事项】该药对鱼类、水生生物敏感，对蜜蜂高毒，使用时避开蜜蜂采蜜期，不能在池塘、河流等水面用药或不能让药水流入水域；施药后 48 小时内人畜不得入内；两次使用的最小间隔为 7 天，收获前 6 天内禁止使用；提倡轮换使用不同类别或不同作用机理的杀虫剂，以延缓抗性的发生；避免在高温下使用，以减少雾滴蒸发和飘移。

【主要制剂和生产厂家】0.5％、1％、1.5％乳油。

河北威远生物化工股份有限公司、浙江钱江生物化学股份有限公司、浙江升华拜克生物股份有限公司、浙江海正化工股份有限公司、山东京博农化有限公司、浙江世佳科技有限公司、广西桂林集琦生化有限公司等。

吡蚜酮（pymetrozine）

【作用机理分类】第 9 组
【化学结构式】

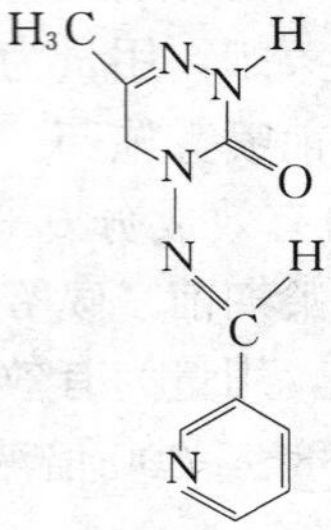

【曾用名】吡嗪酮、飞电

【理化性质】纯品为白色结晶粉末。熔点：234 ℃。蒸气压（20 ℃）：＜9.75×10⁻⁹ 帕。溶解度（20 ℃，克/升）：水 0.27，乙醇 2.25，正己烷＜0.01。稳定性：对光、热稳定，弱酸弱碱条件下稳定。

【毒性】低毒。大白鼠急性经口 LD_{50} 5 820 毫克/千克，急性经皮 LD_{50}＞2 000毫克/千克。对大多数非靶标生物，如节肢动物、鸟类和鱼类安全。在环境中可迅速降解，在土壤中的半衰期仅为 2～29 天，且其主要代谢产物在土壤中淋溶性很低，使用后仅停留在浅表土层中，在正常使用情况下，对地下水没有污染。

【防治对象】吡蚜酮对害虫具有触杀作用，同时还有内吸活性。在植物体内既能在木质部输导也能在韧皮部输导；因此既可用作叶面喷雾，也可用于土壤处理。由于其良好的输导特性，在茎叶喷雾后新长出的枝叶也可以得到有效保护。可用于防治大部分同翅目害虫，尤其是飞虱科、蚜科、粉虱科及叶蝉科害虫，适用于蔬菜、水稻、棉花、果树及多种大田作物。

【使用方法】防治水稻褐飞虱，每亩用有效成分 6～8 克（例如 25％吡蚜酮可湿性粉剂 24～32 克），在褐飞虱若虫始盛期喷雾。

防治水稻灰飞虱，每亩用有效成分 8 克（例如 25％吡蚜酮可湿性粉剂 32 克），在灰飞虱初发期喷雾。

防治棉花蚜虫，每亩用有效成分 2.5～3.5 克（例如 25％吡蚜酮可湿性粉剂 10～14 克），在蚜虫始盛期喷雾。

【注意事项】

（1）防治水稻褐飞虱，施药时田间应保持 3～4 厘米水层，施药后保水 3～5天。喷雾时要均匀周到，将药液喷到目标害虫的为害部位。

（2）在水稻上安全间隔期为 7 天。

（3）不能与碱性农药混用。禁止在河塘等水体中清洗施药器具。

【主要制剂和生产企业】25％可湿性粉剂、25％悬浮剂。

江苏安邦电化有限公司、江苏克胜集团股份有限公司。

杀虫单（monosultap）

【作用机理分类】第 14 组

【化学结构式】

【理化性质】纯品为白色结晶。熔点：142～143 ℃。原药外观为白色至微黄色粉状固体，无可见外来杂质。易吸湿，易溶于水，易溶于工业乙醇及无水乙醇；微溶于甲醇、二甲基甲酰胺等有机溶剂。在强酸、强碱条件下能水解为沙蚕毒素。

【毒性】中等毒。原药对小鼠急性经口 LD_{50} 83 毫克/千克（雄），86 毫克/千克（雌）；对大鼠 142 毫克/千克（雄），137 毫克/千克（雌）；大鼠急性经皮 LD_{50}＞10 000 毫克/千克。在 25％浓度范围内对家兔皮肤无任何刺激反应，对家兔眼黏膜无刺激作用。

【防治对象】杀虫单是人工合成的沙蚕毒素的类似物，进入昆虫体内迅速转化为沙蚕毒素或二氢沙蚕毒素。该药为乙酰胆碱竞争抑制剂，对害虫有胃毒、触杀、熏蒸作用，并具有内吸活性。药剂被植物叶片和根部迅速吸收传导到植物各部位，对鳞翅目等咀嚼式口器昆虫具有毒杀作用，杀虫谱广。适用作物为水稻、甘蔗、蔬菜、果树、玉米等，防治对象为二化螟、三化螟、稻纵卷叶螟、菜青虫、甘蔗螟、玉米螟等。

【使用方法】

（1）**水稻害虫**　防治水稻二化螟、三化螟、稻纵卷叶螟，每亩用80％可溶粉剂37.5～67.5克对水喷雾；或每亩用36％可溶粉剂120～150克对水喷雾；防治枯心，可在卵孵化高峰后6～9天时用药；防治白穗，在卵孵化盛期内水稻破口时用药。防治稻纵卷叶螟可在螟卵孵化高峰期用药。

（2）**甘蔗害虫**　防治甘蔗条螟、二点螟，可在甘蔗苗期，螟卵孵化盛期施药。每亩用3.6％颗粒剂4～5千克（有效成分144～180克）于根区施药。

【注意事项】

（1）使用颗粒剂时要求土壤湿润。

（2）该药属沙蚕毒素衍生物，对家蚕有剧毒，使用时要特别小心，防止药液污染蚕、桑叶。

（3）杀虫单对棉花有药害，不能在棉花上使用。

（4）该药不能与波尔多液、石硫合剂等碱性物质混用。

（5）该药易溶于水，储存时应注意防潮。

（6）本品在作物上持效期为7～10天，安全隔离期为30天。

（7）发生意外或误服，应以苏打水洗胃，或用阿托品解毒，并及时送医院诊治。

【主要制剂和生产企业】 50％泡腾粒剂；95％、92％、90％、80％、50％、36％可溶粉剂；3.6％颗粒剂。

四川华丰药业有限公司、湖北仙隆化工股份有限公司、浙江博仕达作物科技有限公司、江苏丰登农药有限公司、北京中农科美化工有限公司、江苏省溧阳市新球农药化工有限公司、湖南海利常德农药化工有限公司、浙江省宁波舜宏化工有限公司、湖南大方农化有限公司等。

杀虫双（bisultap）

【作用机理分类】 第14组

【化学结构式】

$$\begin{array}{c} H_3C \qquad\qquad CH_2SSO_3Na \\ \diagdown\qquad\qquad\diagup \\ N\!-\!CH \\ \diagup\qquad\qquad\diagdown \\ H_3C \qquad\qquad CH_2SSO_3Na \end{array}$$

【理化性质】纯品为白色结晶，工业品为茶褐色或棕红色水溶液，有特殊臭味，易吸潮。密度：1.30～1.35。蒸气压：0.013 3帕。熔点：169～171 ℃〔分解（纯品）〕。易溶于水，可溶于95％热乙醇和无水乙醇，以及甲醇、二甲基甲酰胺、二甲基亚砜等有机溶剂，微溶于丙酮，不溶于乙醇乙酯及乙醚。在中性及偏碱条件下稳定，在酸性条件下会分解，在常温下也稳定。

【毒性】中等毒。纯品雄性大鼠急性经口 LD_{50} 451毫克/千克，雌性小鼠急性经口 LD_{50} 234毫克/千克，雌小鼠经皮 LD_{50} 2 062毫克/千克。对大鼠皮肤和眼黏膜无刺激作用。在试验条件下，未见致突变、致癌、致畸作用。

【防治对象】杀虫双对害虫具有较强的触杀和胃毒作用，并兼有内吸传导和一定的杀卵、熏蒸作用。是一种神经毒剂，能使昆虫的神经对于外来的刺激不产生反应。因而昆虫中毒后不发生兴奋现象，只表现瘫痪麻痹。据观察，昆虫接触和取食药剂后，最初并无任何反应，但表现迟钝、行动缓慢、失去侵害作物的能力、停止发育、虫体软化、瘫痪，直至死亡。杀虫双有很强的内吸作用，能被作物的叶、根等吸收和传导。通过根部吸收的能力，比叶片吸收要大得多。可有效防治稻纵卷叶螟、二化螟、三化螟、柑橘潜叶蛾、小菜蛾、菜青虫等害虫。

【使用方法】

（1）水稻害虫　防治稻蓟马，每亩用25％杀虫双水剂0.1～0.2千克，用药后1天的防效可达90％，用药量的多少主要影响残效期，用药量多，残效期则长。秧田期防治稻蓟马，每亩用25％水剂0.15千克，加水50千克喷雾，用药1次就可控制其为害。大田期防治稻蓟马每亩用25％水剂0.2千克，加水50～60千克喷雾，用药1次也可基本控制为害。

防治稻纵卷叶螟、稻苞虫，每亩用25％水剂0.2千克（有效成分50克），对水50～60千克喷雾，防治这两种害虫的效果都可达95％以上，一般用药1次即可控制为害。杀虫双对稻纵卷叶螟的三、四龄幼虫有很强的杀伤作用，若把用药期推迟到三龄高峰期，在田间出现零星白叶时用药，对四龄幼虫的杀灭率在90％以上，同时可以更好地保护寄生性天敌。另外，杀虫双防治稻纵卷叶螟还可采用泼浇、毒土或喷粗雾等方法，都有很好的效果，可根据当地习惯选用。连续使用杀虫双时，稻纵卷叶螟会产生抗性，应加以注意。

防治二化螟、三化螟、大螟，每亩用25％水剂0.2千克（有效成分50克），防效一般达90％以上，药效期可维持10天以上，第十二天后仍有60％的效果。对四、五龄幼虫，如每亩用25％水剂0.3千克（有效成分75克），防效可达80％。防治枯心，在螟卵孵化高峰后6～9天用药；防治白穗，在卵盛孵期内水稻破口时用药。

施药方法采用喷雾、毒土、泼浇和喷粗雾都可以，5％、3％颗粒剂每亩用1～1.5千克直接撒施，防治二化螟、三化螟、大螟和稻纵卷叶螟的药效，与25％水剂0.2千克的药效无明显差异。使用颗粒剂的优点是功效高且方便，风雨天气也可以施药，还可减少药剂对桑叶的污染和对家蚕的毒害。颗粒剂的残效期可达30～40天。

（2）**柑橘害虫**　防治柑橘潜叶蛾，25％水剂对潜叶蛾有较好的防治效果，但柑橘对杀虫双比较敏感。一般以加水稀释600～800倍（416～312微克/毫升）喷雾为宜。隔7天左右喷施第二次，可收到良好的保梢效果。柑橘放夏梢时，仅施药1次即比常用有机磷效果好。

防治柑橘达摩凤蝶，用25％水剂500倍（500微克/毫升）稀释液喷雾，防效达100％，但不能兼治害螨，对天敌钝绥螨安全。

（3）**蔬菜害虫**　防治小菜蛾和菜青虫，在幼虫三龄前喷施，用25％水剂200毫升（有效成分50克），加水75千克稀释，防效均可达90％以上。

（4）**甘蔗害虫**　在甘蔗苗期条螟卵盛孵期施药，每亩用25％水剂250毫升（有效成分62.5克），用水稀释300千克淋蔗苗，或稀释50千克喷洒，间隔1周再施1次，对甘蔗条螟和大螟枯心苗有80％以上的防治效果。

【注意事项】

（1）杀虫双在水稻上的安全使用标准是，每亩用25％水剂0.25千克喷雾时，每季水稻使用次数不得超过3次，最后一次施药应离收获期15天以上。

（2）杀虫双对蚕有很强的触杀、胃毒作用，药效期可达2个月，也具有一定熏蒸毒力。因此，在蚕区最好使用杀虫双颗粒剂。使用颗粒剂的水田水深以4～6厘米为宜，施药后要保持田水10天左右。漏水田和无水田不宜使用颗粒剂，也不宜使用毒土和泼浇法施药。

（3）白菜、甘蓝等十字花科蔬菜幼苗在夏季高温下对杀虫双敏感，易产生药害，不宜使用。

（4）用杀虫双水剂喷雾时，可加入0.1％的洗衣粉，这样能增加药液的湿展性能，提高药效。

（5）25％杀虫双水剂能通过食道等引起中毒，中毒症状有头痛、头晕、乏力、恶心、呕吐、腹痛、流涎、多汗、瞳孔缩小、肌束震颤，重者出现肺水肿，与有机磷农药中毒症状相似，但胆碱酯酶活性不降低，应注意区分，遇有这类症状应立即去医院治疗。治疗以对症治疗为主，蕈毒碱样症状明显者可用阿托品类药物对抗，但需注意防止过量。忌用胆碱酯酶复能剂。据报道，口服中药当归、甘草对动物中毒有治疗效果。如误服毒物应立即催吐，并以1%～2%苏打水洗胃，并立即送医院治疗。

【主要制剂和生产企业】45%可溶性粉剂；25%、18%水剂；5%、3.6%颗粒剂；3.6%大粒剂。

江西省宜春信友化工有限公司、安徽华星化工股份有限公司、江苏安邦电化有限公司、湖南省永州广丰农化有限公司、四川省川东农药化工有限公司、四川省隆昌农药有限公司、广西田园生化股份有限公司、江西华兴化工有限公司、湖南大方农化有限公司等。

杀螟丹（cartap）

【作用机理分类】第14组

【化学结构式】

【曾用名】巴丹、派丹

【理化性质】纯品是白色无臭晶体，原药为白色结晶粉末，有轻微特殊臭味。熔点：183～183.5℃（分解）。溶于水，微溶于甲醇和乙醇，不溶于丙酮、乙醚、乙酸乙酯、氯仿、苯和正己烷。工业品稍有吸湿性。在中性及偏碱条件下分解，在酸性介质中稳定。对铁等金属有腐蚀性。

【毒性】中等毒。原药大鼠急性经口 LD_{50} 325～345毫克/千克，小鼠急性经皮 LD_{50}＞1000毫克/千克。在正常试验条件下无皮肤和眼睛过敏反应，未见致突变、致畸和致癌现象。

【防治对象】杀螟丹胃毒作用强，同时具有触杀和一定的拒食、杀卵等作用，对害虫击倒较快，但常有复苏现象，使用时应注意，有较长的残效期。杀虫谱广，能用于防治水稻、茶树、柑橘、甘蔗、蔬菜、玉米、马铃薯等作物上的鳞翅目、鞘翅目、半翅目、双翅目等多种害虫和线虫，如蝗虫、潜叶蛾、茶小绿叶蝉、稻飞虱、叶蝉、稻瘿蚊、小菜蛾、菜青虫、跳甲、玉米螟、二化螟、三化螟、稻纵卷叶螟、马铃薯块茎蛾等多种害虫和线虫。对捕食性螨类影响小。

【使用方法】

（1）水稻害虫 防治二化螟、三化螟，在卵孵化高峰前1～2天施药，每亩用 50％可溶性粉剂 75～100 克；或 98％可溶性粉剂每亩用 35～50 克，对水喷雾。常规喷雾每亩喷药液 40～50 升；低容量喷雾每亩喷药液 7～10 升。

防治稻纵卷叶螟，防治重点在水稻穗期，在幼虫一、二龄高峰期施药，一般年份用药 1 次，大发生年份用药 1～2 次，并适当提前第一次施药时间。每亩用 50％可溶性粉剂 100～150 克，对水 50～60 升喷雾，或对水 600 升泼浇。

防治稻苞虫，在三龄幼虫前防治，用药量及施药方法同稻纵卷叶螟。

防治稻飞虱、稻叶蝉，在二、三龄若虫高峰期施药，每亩用 50％可溶性粉剂 50～100 克（有效成分 25～50 克），对水 50～60 升喷雾，或对水 600 升泼浇。

防治稻瘿蚊，应抓住苗期害虫的防治，防止秧苗带虫到本田，掌握成虫高峰期到幼虫盛孵期施药。用药量及施药方法同稻飞虱。

（2）蔬菜害虫　防治小菜蛾、菜青虫，在二、三龄幼虫期施药，每亩用 50％可溶性粉剂 25～50 克（有效成分 12.5～25 克），对水 50～60 升喷雾。

防治黄条跳甲，重点是作物苗期，幼虫出土后，加强调查，发现为害立即防治。用药量及施药方法同小菜蛾。

防治二十八星瓢虫，在幼虫盛孵期和分散为害前及时防治，在害虫集中地点挑治，用药量及施药方法同小菜蛾。

（3）茶树害虫　防治茶尺蠖，在害虫第一、二代的一、二龄幼虫期进行防治。用 98％可溶性粉剂 1 960～3 920 倍液或每 100 升水加 98％可溶性粉剂 25.5～51 克；或用 50％可溶性粉剂 1 000～2 000 倍液（有效浓度 250～500 毫克/千克）均匀喷雾。

防治茶细蛾，在幼虫未卷苞前，将药液喷在上部嫩叶和成叶上，用药量同茶尺蠖。

防治茶小绿叶蝉，在田间第一次高峰出现前进行防治，用药量同茶尺蠖。

（4）甘蔗害虫　防治甘蔗螟虫，在卵盛孵期，每亩用 50％可溶性粉剂 137～196 克或 98％可溶性粉剂 70～100 克，对水 50 升喷雾，或对水 300 升淋浇蔗苗。间隔 7 天后再施药 1 次。此用药量对条螟、大螟均有良好的防治效果。

（5）果树害虫　防治柑橘潜叶蛾，在柑橘新梢期施药，用 50％可溶性粉剂 1 000 倍液或每 100 升水加 50％可溶性粉剂 100 克（有效浓度 500 毫克/千克）喷雾。每隔 4～5 天施药 1 次，连续 3～4 次，有良好的防治效果。

防治桃小食心虫，在成虫产卵盛期，卵果率达 1％时开始防治。用 50％可溶性粉剂 1 000 倍液或每 100 升水加 50％可溶性粉剂 100 克（有效浓度 500 毫克/升）喷雾。

（6）**旱粮作物害虫**　防治玉米螟，防治适期应掌握在玉米生长的喇叭口期和雄穗即将抽发前，每亩用 98％可溶性粉剂 51 克或 50％可溶性粉剂 100 克（有效成分 50 克），对水 50 升喷雾。

防治蝼蛄，用 50％可溶性粉剂拌麦麸（1∶50）制成毒饵施用。

防治马铃薯块茎蛾，在卵孵盛期施药，每亩用 50％可溶性粉剂 100～150 克（有效成分 50～75 克），或 98％可溶性粉剂 50 克（有效成分 49 克），对水 50 升，均匀喷雾。

【对天敌和有益生物的影响】杀螟丹对稻田捕食性天敌泽蛙的蝌蚪有一定杀伤力。对鸟低毒，对蜜蜂和家蚕有毒。

【注意事项】

（1）对蚕毒性大，在桑园附近不要喷洒。一旦黏附了药液的桑叶不可让蚕吞食。

（2）皮肤黏附药液，会有痒感，喷药时请尽量避免皮肤黏附药液，并于喷药后仔细洗净接触药液部位。

（3）施药时须戴安全防具，如不慎吞服应立即反复洗胃，从速就医。

【主要制剂和生产企业】98％、50％可溶性粉；6％水剂；4％颗粒剂。

安徽华星化工股份有限公司、浙江省宁波市镇海恒达农化有限公司、江苏天容集团股份有限公司、江苏中意化学有限公司、湖南昊华化工有限责任公司、湖南岳阳安达化工有限公司、湖南国发精细化工科技有限公司、江苏安邦电化有限公司、江苏常隆化工有限公司等。

杀虫环（thiocyclam）

【作用机理分类】第 14 组

【化学结构式】

【理化性质】杀虫环草酸盐为无色结晶。熔点：125～128 ℃（分解）。蒸气压：0.532×10⁻³ 帕（20 ℃）。水中溶解度为 84 克/升（23 ℃），在丙酮

（500毫克/升）、乙醚、乙醇（1.9克/升）、二甲苯中的溶解度小于10克/升，甲醇中17克/升，不溶于煤油。能溶于苯、甲苯和松节油等溶剂。在常温避光条件下保存稳定。

【毒性】中等毒。原药雄大鼠急性经口 LD_{50} 310毫克/千克，急性经皮 LD_{50} 1000毫克/千克。对兔皮肤和眼睛有轻度刺激作用。在动物体内代谢和排除较快，无明显蓄积作用。在试验条件下未见致突变、致畸和致癌作用。

【防治对象】杀虫环为选择性杀虫剂，具有胃毒、触杀、内吸作用，能向顶传导，且能杀卵。对害虫的毒效较迟缓，中毒轻者能复活。适用于水稻、玉米、蔬菜等作物。可由2,2-甲氨基-双硫代硫酸钠丙烷与硫化钠制得杀虫环，但可溶性粉剂的有效成分系杀虫环草酸盐，故需将杀虫环再加草酸制成草酸盐。杀虫环对鳞翅目、鞘翅目、同翅目害虫效果好，可用于防治水稻、玉米、甜菜、果树、蔬菜上的三化螟、稻纵卷叶螟、二化螟、稻蓟马、叶蝉、稻瘿蚊、飞虱、桃蚜、苹果蚜、苹果红蜘蛛、梨星毛虫、柑橘潜叶蛾及蔬菜害虫等。也可防治寄生线虫，如水稻干尖线虫，对一些作物的锈病和白穗病也有一定防效。在植物体中消失较快，残效期较短，收获时作物中的残留量很少。

【使用方法】

（1）**水稻害虫** 防治二化螟、三化螟，每亩用50％可溶性粉剂70～80克（有效成分35～40克），采用对水泼浇、喷粗雾、撒毒土防治均可，于二化螟和三化螟一代卵孵化盛期后7天施药。大发生或发生期长的年份可施药2次，第一次在卵孵化盛期后5天，第二次在第一次施药后10～15天，可控制为害。防治二代二化螟和二、三代三化螟，可于卵孵化盛期后3～5天施药，大发生时隔10天后再施一次。施药时要先灌水，保持3厘米左右水层。

防治稻纵卷叶螟和稻苞虫，每亩用50％可溶性粉剂70～80克（有效成分35～40克）对水泼浇；喷粗雾或撒毒土，掌握在幼虫三龄期，田间出现零星白叶时施药。用毒土或泼浇法时，田间也应保持3厘米左右的水层。当使用机动喷雾器喷药时，每亩用50％可溶性粉剂50～60克（有效成分25～30克），对水7.5升喷雾。

防治大螟，防治一、二代大螟每亩用50％可溶性粉剂90克（有效成分45克），在卵孵化盛期后2～3天泼浇或喷粗雾。大发生年份，卵孵化盛期施一次药，隔10天后再施一次。防治三代大螟，可在卵孵化盛期，水稻破口时施药。

防治秧田期水稻蓟马，每亩用50％可溶性粉剂50克（有效成分25克），对水 50 升喷雾。一般使用 1 次。后季稻长秧龄秧苗可在第一次施药后 10 天再喷一次。在秧苗带药移栽的基础上，大田可根据虫情再防治一次，则可基本上控制蓟马的为害。

防治稻叶蝉、稻瘿蚊、稻飞虱，每亩用可溶性粉剂 50～60 克（有效成分 25～30 克），对水 60～75 升喷雾。

（2）果树害虫　防治桃蚜、苹果蚜、苹果红蜘蛛、梨星毛虫，每亩用 50% 可溶性粉剂 2 000 倍液（有效浓度 250 微克/毫升）喷雾。

防治柑橘潜叶蛾，在新梢萌发后用 50% 可溶性粉剂 1 500～2 000 倍液（有效成分浓度 250～333 微克/毫升）喷雾。

（3）蔬菜害虫　防治菜蚜、菜青虫、小菜蛾、甘蓝夜蛾、红蜘蛛等，每亩用 50% 可溶性粉剂 40～50 克（有效成分 20～25 克）对水 50 升喷雾。

（4）旱粮作物害虫　防治玉米螟，用 50% 可溶性粉剂 15 克，加细砂 4 千克，混合均匀，每株撒 1 克左右。

【对天敌和有益生物的影响】杀虫环对稻田捕食性天敌泽蛙的蝌蚪有一定杀伤力。对蚕的毒性大。

【注意事项】

（1）对蚕毒性大，残效期长，且有一定的熏杀能力，在养蚕地区应注意施药方法，慎重使用。

（2）豆类、棉花对杀虫环敏感，不宜使用。

（3）杀虫环毒效较迟缓，可与速效农药混合使用，以提高击倒力。

（4）杀虫环早期中毒症状表现为恶心、四肢发抖、全身发抖、流涎、痉挛、呼吸困难和瞳孔放大。在使用过程中，如有药液溅到身上，应脱去衣服，并用肥皂和水清洗皮肤。若吸入引起中毒，应将患者移离施药现场，到空气新鲜的地方，并注意保暖。若误服中毒，应使患者呕吐（但当患者神志不清时，绝不能催吐），可让患者饮一杯食盐水（一杯水中约放一匙盐），或用手指触咽喉使其呕吐。解毒药物为 L-半胱氨酸，静脉注射剂量为 12.5～25 毫克/千克。

【主要制剂和生产企业】50% 可溶性粉剂。

江苏省苏州联合伟业科技有限公司、江苏天容集团股份有限公司。

噻嗪酮（buprofezin）

【作用机理分类】第 16 组

【化学结构式】

$$\text{结构式}$$

【曾用名】扑虱灵、优乐得、稻虱净

【理化性质】纯品为白色结晶，工业品为白色至浅黄色晶状粉末。熔点：104.5～105.5 ℃。蒸气压：1.25 毫帕（25 ℃）。相对密度：1.18。溶解度：水中为 9 毫克/升（20 ℃），氯仿中 520 克/升，苯中 370 克/升，甲苯中 320 克/升，丙酮中 240 克/升，乙醇中 80 克/升，己烷中 20 克/升（均为 25 ℃）。对酸、碱、光、热稳定。

【毒性】低毒。原药雄大鼠急性经口 LD$_{50}$ 2 198 毫克/千克。对眼睛无刺激作用，对皮肤有轻微刺激。试验剂量内无致癌、致畸、致突变作用，两代繁殖试验未见异常。对鱼类、鸟类毒性低。

【防治对象】噻嗪酮触杀作用强，有胃毒作用，在水稻植株上有一定的内吸输导作用。一般施药后 3～7 天才显示效果。对成虫无直接杀伤力，但可缩短其寿命，减少产卵量，并阻碍卵孵化和缩短其寿命。该药剂选择性强，对半翅目的飞虱、叶蝉、粉虱及介壳虫等害虫有良好防效，对某些鞘翅目害虫和害螨也具有持久的杀幼虫活性。可有效防治水稻上的飞虱和叶蝉，茶、棉花上的叶蝉，柑橘、蔬菜上的粉虱，柑橘上的钝蚧和粉蚧。残效期长达 30 天左右。

【使用方法】防治水稻褐飞虱、白背飞虱，在低龄若虫始盛期，每亩用有效成分 7.5～12.5 克（例如 25％噻嗪酮可湿性粉剂 30～50 克），对水 40～50 千克喷雾。重点喷植株中下部。

防治柑橘矢尖蚧，于若虫盛孵期，用 25％可湿性粉剂 1 000～2 000 倍液均匀喷雾，如需喷 2 次，中间间隔期为 15 天。

【注意事项】

（1）本品不宜在茶树上使用；药液不宜直接接触白菜、萝卜，否则将出现褐斑及绿叶白化等药害，药液在鱼塘边慎用。

（2）该药剂作用速度缓慢，用药 3～5 天后若虫才大量死亡，所以必须在低龄若虫为主时施药；如田间成虫较多，可与叶蝉散等混用。如需兼治其他害

虫，也可与其他药剂混配使用。

【主要制剂和生产企业】65％、25％、20％可湿性粉剂，25％悬浮剂，8％展膜油剂。

江苏安邦电化有限公司、深圳诺普信农化股份有限公司、江苏龙灯化学有限公司、湖北沙隆达蕲春有限公司、江苏快达农化股份有限公司、江苏东宝农药化工有限公司、江苏省镇江农药厂有限公司、日本农药株式会社等。

虫酰肼（tebufenozide）

【作用机理分类】第18组

【化学结构式】

【曾用名】米满

【理化性质】纯品为白色粉末。熔点：180～182 ℃、191 ℃。蒸气压：4×10^{-6}帕（25 ℃）。在水中溶解度（25 ℃）＜1 毫克/升。微溶于有机溶剂。90 ℃下储存7天稳定，25 ℃，pH＝7 水溶液中光照稳定。

【毒性】**低毒** 大白鼠急性经口 LD_{50}＞5 000 毫克/千克，急性经皮 LD_{50}＞5 000 毫克/千克。对鱼中等毒性。对捕食螨类、瓢虫等天敌安全。对蜜蜂安全，接触 LC_{50}（96 小时）＞234 微克/蜂。对鸟类安全，对鱼和水生脊椎动物有毒，对蚕高毒。人的每日最大允许摄入量（ADI）为0.019 毫克/千克。

【防治对象】虫酰肼作用机理独特，是促进鳞翅目幼虫蜕皮的新型仿生杀虫剂。它能够模拟20-羟基蜕皮酮类似物的作用，被幼虫取食后干扰或破坏其体内原有激素平衡，使幼虫的旧表皮内不断形成新的畸形新生皮，从而导致生长发育阻断或异常。表现症状为幼虫取食喷有米满的作物叶片6～8小时后即停止取食，不再为害作物，并提前进行蜕皮反应，开始蜕皮，由于不能正常蜕皮而导致幼虫脱水，饥饿而死亡。同时使下一代成虫产卵和卵孵化率降低。无药害，对作物安全，无残留药斑。对低龄和高龄幼虫均有效，残效期长，选择性强，只对鳞翅目害虫有效，对哺乳动物、鸟类、天敌昆虫安全，对环境安全。耐雨水冲刷，脂溶性，适用于甘蓝、苹果、松树等植物，用于防治苹果卷叶蛾、松毛虫、甜菜夜蛾、天幕毛虫、舞毒蛾、玉米螟、菜青虫、甘蓝夜蛾、黏虫等。

【使用方法】防治水稻二化螟，亩用有效成分 20～25 克（例如 20％虫酰肼悬浮剂 100～125 毫升），在二化螟卵孵高峰期喷施。

【注意事项】

（1）防治水稻二化螟，施药时田间应保持 3～4 厘米水层，施药后保水 3～5 天。

（2）对家蚕毒性大，养蚕季节禁止在桑园附近使用。

（3）该药剂杀卵效果较差，应注意掌握在卵发育末期或幼虫发生初期喷施。

【主要制剂和生产企业】30％、24％悬浮剂。

深圳诺普信农化股份有限公司、江苏连云港立本农药化工有限公司、广西桂林集琦生化有限公司、山东省青岛海利尔药业有限公司、美国陶氏益农公司等。

甲氧虫酰肼（methoxyfenozide）

【作用机理分类】第 18 组
【化学结构式】

【曾用名】美满

【理化性质】纯品为白色粉末。熔点：202～205 ℃。20 ℃时水溶解度<1 毫克/升；其他溶剂中的溶解度：二甲基亚砜 11 克/升，环己酮 9.9 克/升，丙酮 9 克/升。在 25 ℃下储存稳定，在 25 ℃，pH＝5、7、9 下水解。

【毒性】微毒。原药大鼠急性经口、经皮 LD_{50} 均大于 5 000 毫克/千克；大鼠急性吸入 LC_{50}＞4.3 毫克/升；大鼠 90 天亚慢性喂饲最大无作用剂量为 1 000毫克/千克；致突变试验：污染物致突变性检测试验、小鼠微核试验、染色体畸变试验均为阴性；无致畸、致癌性。24％悬浮剂鼠急性经口 LD_{50}＞5 000毫克/千克，经皮 LD_{50}＞2 000 毫克/千克；大鼠急性吸入 LC_{50}＞0.9 毫克/升；对皮肤、眼睛无刺激性，无致敏性。原药对鱼类属中等毒，对鸟类、蜜蜂低毒。对蓝鳃鱼 LC_{50}（96 小时）>4.3 毫克/升，鳟鱼 $LC_{50}>4.2$ 毫克/升；北美鹌鹑 $LD_{50}>2\,250$ 毫克/千克；对蜜蜂 $LD_{50}>100$ 微克/蜂。

【防治对象】甲氧虫酰肼能够模拟鳞翅目幼虫蜕皮激素功能，促进其提前蜕皮、成熟，发育不完全，几天后死亡。中毒幼虫几小时后即停止取食，处于昏迷状态，体节间出现浅色区或条带。该药剂对鳞翅目以外的昆虫几乎无效，因此是综合防治中较为理想的选择性杀虫剂。对烟芽夜蛾、棉花害虫、小菜蛾等害虫的活性更高，适用于果树、蔬菜、玉米、葡萄等作物。

【使用方法】

（1）水稻害虫 防治水稻二化螟，在以双季稻为主的地区，一代二化螟多发生在早稻秧田及移栽早、开始分蘖的本田禾苗上，是防治对象田。防止造成枯梢和枯心苗，一般在卵孵化高峰前 2～3 天施药。防治虫伤株、枯孕穗和白穗，一般在卵孵化始盛期至高峰期施药。每亩用 24％悬浮剂 20.8～27.8 克，对水 50～100 千克喷雾，一般稀释 2\,000～4\,000 倍。

（2）蔬菜害虫 防治甜菜夜蛾、斜纹夜蛾，在卵孵盛期和低龄幼虫期施药，每亩用 24％悬浮剂 10～20 克，对水 40～50 千克，一般稀释 3\,000～5\,000倍。

（3）棉花害虫 防治棉铃虫，当田间叶片被害率达 4％，或每 25 株有 2 头幼虫时开始施药，用量为每亩 16～24 克，根据虫情，隔 10～14 天后再喷 1 次。

【注意事项】

（1）摇匀后使用，先用少量水稀释，待溶解后边搅拌边加入适量水。喷雾务必均匀周到。

（2）对蚕高毒，在养蚕地区禁用。对鱼和水生脊椎动物有毒，不要直接喷洒在水面，废液不要污染水源。

（3）每年最多使用甲氧虫酰肼不超过 4 次，安全间隔期 14 天。

（4）不适宜采用灌根等任何浇灌方法。

（5）若误服，让患者喝 1～2 杯水，勿催吐。

【主要制剂和生产企业】24％悬浮剂。

美国陶氏益农公司。

抑食肼（RH - 5849）

【作用机理分类】第 18 组

【化学结构式】

【理化性质】 纯品为白色或无色晶体，无味，熔点：174～176 ℃，蒸气压：0.24 毫帕（25 ℃）。溶解度：水约 50 毫克/升，环乙酮约 50 克/升，异亚丙基丙酮约 150 克/升，原药有效成分含量≥85%，外观为淡黄色或无色粉末。

【毒性】中等毒。 大鼠急性经口 LD_{50} 435 毫克/千克，小鼠急性经口 LD_{50} 501 毫克/千克（雄）、LD_{50} 681 毫克/千克（雌），大鼠急性经皮 LD_{50}＞5 000 毫克/千克。对家兔眼睛有轻微刺激作用，对皮肤无刺激作用。大鼠蓄积系数＞5，为轻度蓄积性。致突变试验：污染物致突变性检测、小鼠微核试验、染色体畸变试验均为阴性。在土壤中的半衰期为 27 天。

【防治对象】 抑食肼对鳞翅目、鞘翅目、双翅目幼虫具有抑制进食、加速蜕皮和减少产卵的作用。对害虫以胃毒作用为主，施药后 2～3 天见效，持效期长，无残留，适用于蔬菜上多种害虫和菜青虫、斜纹夜蛾、小菜蛾等的防治，对稻纵卷叶螟、黏虫也有很好的防效。

【使用方法】

（1）**水稻害虫** 防治稻纵卷叶螟，在幼虫一、二龄高峰期施药，每亩用 20% 可湿性粉剂 50～100 克，对水 50～75 千克，均匀喷雾。

（2）**蔬菜害虫** 防治菜青虫，在低龄幼虫期施药，用 20% 可湿性粉剂 1 500～2 000 倍液均匀喷雾，对菜青虫有较好防效，对作物无药害。

防治小菜蛾和斜纹夜蛾，在幼虫孵化高峰期至低龄幼虫盛发高峰期施药，用 20% 可湿性粉剂 600～1 000 倍液均匀喷雾。在幼虫盛发高峰期用药防治 7～10 天后，仍需再喷药 1 次，以维持药效。

【注意事项】

（1）速效性差，施药后 2～3 天见效。为保证防效，应在害虫初发生期使用，以收到更好的防效，且最好不要在雨天施药。

（2）持效期长，在蔬菜收获前 7～10 天内停止施药。

（3）不可与碱性农药混用。

（4）应在干燥、阴凉处储存，严防受潮、曝晒。

（5）制剂虽属低毒农药，但用时应避免直接接触药剂。操作过程中需严格遵守农药安全使用规定。如被农药污染，用肥皂和水清洗干净；如误食，应立即找医生诊治。

【主要制剂和生产企业】20％可湿性粉剂；20％悬浮剂。
浙江省台州市大鹏药业有限公司、浙江禾益农化有限公司。

氰氟虫腙（metaflumizone）

【作用机理分类】第22组　B
【化学结构式】

【曾用名】艾法迪
【理化性质】原药呈白色晶体粉末状，含量为 96.13％。熔点：190 ℃（高）。蒸气压：$1.33×10^{-9}$ 帕（25 ℃，不挥发）。水中溶解度＜0.5 毫升/升（低）。油水分配系数：4.7～5.4（亲脂的）。水解 DT_{50} 为 10 天（pH＝7）。在水中光解迅速，DT_{50} 大约为 2～3 天，在土壤中光解 DT_{50} 为 19～21 天。在有空气时光解迅速，DT_{50}＜1 天。在有光照时水中沉淀物的 DT_{50} 为 3～7 天。

【毒性】微毒。原药大鼠急性经口 LD_{50}＞5 000 毫克/千克、急性经皮 LD_{50}＞5 000 毫克/千克、急性吸入 LC_{50}＞5.2 毫克/升，对兔眼睛、皮肤无刺激性，对猪皮肤无致敏性；对哺乳动物无神经毒性、污染物致突变性检测试验呈阴性；鹌鹑经口 LD_{50}＞2 000 毫克/千克、蜜蜂经口 LD_{50}＞106 毫克/只（48 小时）、鲑鱼 LC_{50}＞343 纳克/克（96 小时），氰氟虫腙对鸟类的急性毒性低，对蜜蜂低危险，由于在水中能迅速地水解和光解，对水生生物无实际危害。

【防治对象】氰氟虫腙对咀嚼式口器的鳞翅目和鞘翅目害虫具有明显的防治效果，如常见的种类有稻纵卷叶螟、甜菜夜蛾、棉铃虫、棉红铃虫、菜粉蝶、甘蓝夜蛾、小菜蛾、菜心野螟、小地老虎、水稻二化螟等，对卷叶蛾类的防效中等；氰氟虫腙对鞘翅目叶甲类害虫如马铃薯叶甲防治效果较好，对跳甲类害虫的防效中等；氰氟虫腙对缨尾目昆虫、螨类及线虫无任何活性。该药用于防治、白蚁、红火蚁、蝇及蟑螂等非作物害虫方面很有潜力。

【使用方法】防治稻纵卷叶螟，在低龄幼虫始盛期，亩用 24％悬浮剂双联包（艾法迪 15 毫升＋专用助剂 5 毫升，下同）2 包，每双联包对水 15 升进行细喷雾，重点保护水稻上三叶，持效期至少可达 15 天以上，并可兼治二化螟。

防治斜纹夜蛾、甜菜夜蛾，在低龄幼虫始盛期，每亩用 24%悬浮剂双联包 2～3 包，每双联包对水 15 升，可兼治小菜蛾、菜青虫等。

防治黄条跳甲、猿叶甲，在成虫始盛期，每亩用 24%悬浮剂双联包 3～4 包，每双联包对水 15 升。

【注意事项】

（1）氰氟虫腙对各龄期幼虫都同样有效，但为了防止因幼虫摄食而造成的作物损失，防治稻纵卷叶螟等鳞翅目害虫，建议在一龄幼虫盛期施药。

（2）由于稻纵卷叶螟、斜纹夜蛾、甜菜夜蛾等靶标害虫均以夜间为害为主，因此傍晚施用氰氟虫腙防治效果更佳。

（3）防治稻纵卷叶螟时，建议施药前田间灌浅层水，保水 7 天左右。

（4）氰氟虫腙具有良好的耐雨水冲刷性，在喷施后 1 小时就具有明显的耐雨水冲刷效果。施药后 1 小时若遇大雨应重新喷雾防治。

【主要制剂和生产企业】24%悬浮剂。

德国巴斯夫公司。

氯虫苯甲酰胺（chlorantraniliprole）

【作用机理分类】第 28 组
【化学结构式】

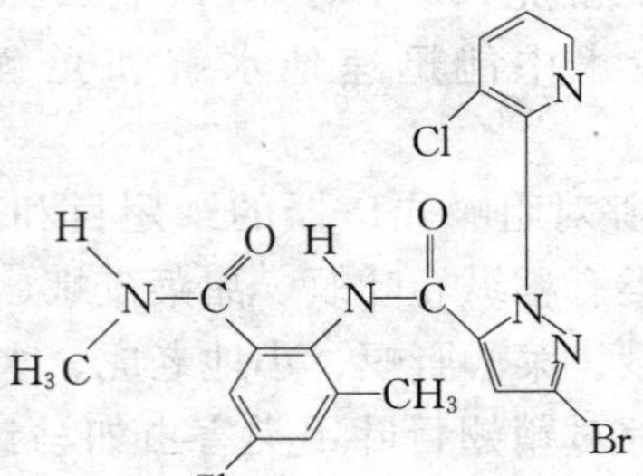

【曾用名】康宽
【理化性质】纯品外观为白色结晶，无臭。熔点：200～202 ℃。蒸气压：$6.3×10^{-12}$ 帕（20 ℃）。相对密度（水=1）：1.518 9(20 ℃)。20 ℃时，水中溶解度 1.023 毫克/升，丙酮中 3.446 克/升，乙腈中 0.711 克/升，二氯甲烷

中 2.476 克/升，乙酸乙酯中 1.144 克/升，二甲基甲酰胺中 124 克/升，甲醇中 1.714 克/升。

【毒性】微毒。原药大鼠急性经口 $LD_{50} \geq 5\ 000$ 毫克/千克，急性经皮 $LD_{50} \geq 5\ 000$ 毫克/千克。对皮肤和眼睛无刺激，无致敏作用。对非靶标生物例如鸟、鱼、哺乳动物、蚯蚓、微生物、藻类以及其他植物，还有许多非靶标节肢动物影响非常小。对重要的寄生性天敌、捕食性天敌和传粉昆虫的不良影响几乎可以忽略。一些水生无脊椎动物例如水蚤，对氯虫苯甲酰胺表现敏感。

【防治对象】氯虫苯甲酰胺高效广谱，对鳞翅目的夜蛾科、螟蛾科、蛀果蛾科、卷叶蛾科、粉蛾科、菜蛾科、麦蛾科、细蛾科等均有很好的控制效果，还能控制鞘翅目象甲科、叶甲科，双翅目潜蝇科、烟粉虱等多种非鳞翅目害虫，能够用于防治小菜蛾、斜纹夜蛾、甜菜夜蛾、菜青虫、豆荚螟、玉米螟、棉铃虫、烟青虫、食心虫类、稻纵卷叶螟、三化螟、二化螟等主要鳞翅目害虫，以及甲虫类、潜叶蝇、白粉虱等害虫。

【使用方法】

（1）水稻害虫　防治水稻二化螟，用量为有效成分 2 克/亩（例如 20％氯虫苯甲酰胺悬浮剂 10 毫升/亩），在二化螟卵孵化高峰期喷雾。

防治稻纵卷叶螟，用有效成分 2 克/亩（例如 20％氯虫苯甲酰胺悬浮剂 10 毫升/亩），在水稻稻纵卷叶螟卵孵化高峰期喷雾。

（2）蔬菜害虫　防治菜青虫、小菜蛾、甜菜夜蛾、甘蓝夜蛾，每亩 30 毫升，均匀喷雾。

（3）果树害虫　防治金纹细蛾，用 35％可分散粒剂稀释 17 500 倍喷雾；防治桃小食心虫，用 35％可分散粒剂稀释 8 000 倍，均匀喷雾。

【注意事项】

（1）药液不要污染饮用水源。采桑期间，避免在桑园使用；在附近农田使用时，应避免飘移至桑叶上。

（2）为避免产生抗药性，一季作物，使用本品不得超过 2 次，且连续使用本品后需轮换使用其他杀虫剂。

（3）禁止在河塘等水体内清洗施药用具。

（4）中毒急救：误吸入，如有不适可向医生咨询；皮肤接触，用清水冲洗；眼睛接触，立即用大量清水冲洗，还可向医生咨询；误服，如有不适，可请医生诊治，对症处理。

【主要制剂和生产企业】35％可分散粒剂，200 克/升、5％悬浮剂。

美国杜邦公司、瑞士先正达公司。

二、水稻杀虫剂作用机理分类表

主要组和主要作用位点	化学结构亚组和代表性有效成分	举　　例
1. 乙酰胆碱酯酶抑制剂	1A 氨基甲酸酯	丁硫克百威、异丙威、速灭威、仲丁威、混灭威、甲萘威
	1B 有机磷	丙溴磷、辛硫磷、三唑磷、毒死蜱、稻丰散、敌敌畏、喹硫磷、二嗪磷、马拉硫磷、杀螟硫磷、水胺硫磷、乙酰甲胺磷、哒嗪硫磷、敌百虫、乙酰甲胺磷
4. 烟碱乙酰胆碱受体促进剂	4A 新烟碱类	噻虫嗪、吡虫啉、烯啶虫胺、氯噻啉、啶虫脒、哌虫啶、噻虫啉
6. 氯离子通道激活剂	阿维菌素	阿维菌素、甲氨基阿维菌素苯甲酸盐
9. 同翅目选择性取食阻滞剂	9B 吡蚜酮	吡蚜酮
11. 昆虫中肠膜微生物干扰剂（包括表达 Bt 毒素的转基因植物）	苏云金芽孢杆菌或球形芽孢杆菌和它们生产的杀虫蛋白	苏云金杆菌
14. 烟碱乙酰胆碱受体通道拮抗剂	沙蚕毒素类似物	杀虫单、杀虫双、杀螟丹、杀虫安、杀虫环
16. 几丁质生物合成抑制剂 1 类型，同翅目昆虫	噻嗪酮	噻嗪酮
18. 蜕皮激素促进剂	虫酰肼类	虫酰肼、甲氧虫酰肼、抑食肼
22. 电压依赖钠离子通道阻滞剂	22A 茚虫威	茚虫威
	22B 氰氟虫腙	氰氟虫腙
28. 鱼尼丁受体调节剂	脂肪酰胺类	氯虫苯甲酰胺

三、水稻害虫杀虫剂轮换使用防治方案

（一）东北一季稻区水稻害虫杀虫剂轮换使用防治方案

东北一季稻区水稻上发生的主要害虫有二化螟、稻飞虱、稻水象甲、水稻潜叶蝇、稻螟蛉、黏虫、稻蝗等。其中，重点防治对象有二化螟、稻飞虱、稻水象甲，兼防害虫有水稻潜叶蝇、稻螟蛉、黏虫、稻蝗等。

1. 防治稻飞虱（灰飞虱）、水稻潜叶蝇的杀虫剂轮换用药方案

苗床防治灰飞虱、水稻潜叶蝇：

（1）使用单剂防治。生产上于插秧前 5～7 天苗床浇灌防治灰飞虱可选用第 1B 组杀虫剂毒死蜱，或第 4 组杀虫剂如噻虫嗪、烯啶虫胺等。

（2）使用复配制剂防治。生产上于插秧前 5～7 天苗床浇灌防治稻飞虱、水稻潜叶蝇，可选用第 28 组杀虫剂氯虫苯甲酰胺和第 4 组杀虫剂噻虫嗪的复配制剂，同时可兼治本田稻水象甲、一代二化螟、稻蝗、稻螟蛉等。

水稻穗期防治稻飞虱：

（1）使用单剂防治。水稻穗期根据虫情可用第 4 组杀虫剂如噻虫嗪、烯啶虫胺等，或选用第 9 组杀虫剂吡蚜酮。

（2）使用复配制剂兼治二代二化螟。可选用第 28 组杀虫剂氯虫苯甲酰胺与第 9 组杀虫剂吡蚜酮混合使用。

2. 防治稻水象甲的杀虫剂轮换用药方案

防治稻水象甲越冬代成虫，可于插秧后 5～7 天选用第 6 组杀虫剂阿维菌素、甲氨基阿维菌素苯甲酸盐与第 1B 组杀虫剂三唑磷等混合使用（注：如水稻秧田已使用第 28 组氯虫苯甲酰胺和第 4 组噻虫嗪的复配制剂，此次施药可根据稻水象甲发生情况酌情省略）。

3. 防治二化螟的杀虫剂轮换用药方案

防治第一代二化螟：

（1）使用单剂防治。可选用第 1B 组杀虫剂如毒死蜱、三唑磷、敌敌畏等，或选用第 14 组杀虫剂如杀虫单、杀虫双等，或选用第 18 组杀虫剂如虫酰肼、甲氧虫酰肼，或选用第 22 组杀虫剂如氰氟虫腙（注：如插秧前已使用第

28组氯虫苯甲酰胺和第4组噻虫嗪的复配制剂，此次施药可根据虫情预报酌情省略）。

（2）**使用复配制剂防治。**选用第6组杀虫剂甲氨基阿维菌素苯甲酸盐或阿维菌素与第1B组杀虫剂如三唑磷等混合使用可兼治稻水象甲等害虫（注：如插秧前已使用第28组氯虫苯甲酰胺和第4组噻虫嗪的复配制剂，此次施药可根据虫情预报酌情省略）。

防治第二代二化螟：

（1）**使用单剂防治。**可选用第28组杀虫剂氯虫苯甲酰胺，或选用第6组杀虫剂甲氨基阿维菌素苯甲酸盐等，或选用第14组杀虫剂如杀虫双等，或选用第18组杀虫剂如虫酰肼、甲氧虫酰肼，或选用第22组杀虫剂如氰氟虫腙。

（2）**使用复配制剂防治。**鉴于生产上常用复配制剂兼治二代二化螟和稻纵卷叶螟、稻螟蛉、黏虫、稻蝗等害虫。可选用第28组杀虫剂氯虫苯甲酰胺与第6组杀虫剂阿维菌素混合使用；或选用第6组杀虫剂阿维菌素等与第1B组三唑磷等混合使用。

（二）长江中下游单季稻区水稻害虫杀虫剂轮换用药防治方案

1. 防治二化螟的杀虫剂轮换用药方案

防治第一代二化螟：

第一次（卵孵始盛期）可选用第1B组杀虫剂毒死蜱、乙酰甲胺磷，或第11组杀虫剂苏云金杆菌；抗性水平较低的地区可用第1B组杀虫剂三唑磷。

第二次（一、二龄幼虫高峰期）可选用第18组杀虫剂虫酰肼、甲氧虫酰肼；抗性水平较低的地区可用第14组杀虫剂杀虫单。

防治第二代二化螟：

考虑到生产上的实际情况，防治第二代二化螟（在卵孵高峰期）可选用单剂防治或复配制剂防治。

（1）**使用单剂防治。**主害代可选用第28组杀虫剂氯虫苯甲酰胺；第二次可选用第6组杀虫剂甲氨基阿维菌素苯甲酸盐、第14组杀虫剂杀螟丹。

（2）**使用复配制剂防治。**鉴于生产上常用药兼治二代二化螟和稻纵卷叶螟或稻飞虱，因此可选用含氯虫苯甲酰胺的复配制剂。如：

① 兼治二代二化螟和稻纵卷叶螟：主害代可选用第28组杀虫剂氯虫苯甲酰胺与第6组杀虫剂阿维菌素混合使用。

② 兼治二代二化螟和稻褐飞虱：主害代可选用第 28 组杀虫剂氯虫苯甲酰胺与第 4 组杀虫剂噻虫嗪或第 9 组杀虫剂吡蚜酮混合使用。

2. 防治三种稻飞虱的杀虫剂轮换用药方案

稻白背飞虱和褐飞虱均为迁飞性害虫，常年前者迁入峰比后者要早一个峰次，生产上前期（7 月至 8 月中旬）以防治白背飞虱为主，兼治褐飞虱；后期（8 月中旬至 9 月/10 月）以防治褐飞虱为主。鉴于褐飞虱对吡虫啉已产生极高水平抗性，应停用吡虫啉防治褐飞虱。在卵孵盛期至低龄若虫高峰期施药防治。

防治稻白背飞虱和褐飞虱：

（1）主治稻白背飞虱兼治褐飞虱。第一次可选用第 4 组杀虫剂吡虫啉；第二次可选用第 16 组杀虫剂噻嗪酮；第三次可选用第 1B 组杀虫剂毒死蜱、敌敌畏。

（2）主治稻褐飞虱兼治白背飞虱。主害代或主害代的上一代可选用第 9 组杀虫剂吡蚜酮；第二次可选用第 4 组杀虫剂烯啶虫胺或噻虫嗪、第 16 组杀虫剂噻嗪酮；第三次可选用第 1B 组杀虫剂敌敌畏或毒死蜱、第 1A 组杀虫剂异丙威或速灭威。

防治稻灰飞虱：

（1）麦田防治可选用第 3 组杀虫剂氰戊菊酯。

（2）秧田可选用第 4A 组杀虫剂噻虫嗪（拌种处理）、第 1A 组杀虫剂异丙威或者速灭威。

（3）大田可选用第 4 组杀虫剂烯啶虫胺、第 9 组杀虫剂吡蚜酮。

3. 防治稻纵卷叶螟的杀虫剂轮换用药方案

主害代（在卵孵始盛期）可选用第 28 组杀虫剂氯虫苯甲酰胺、第 22 组杀虫剂氰氟虫腙；另一次可选用第 6 组杀虫剂阿维菌素、甲氨基阿维菌素苯甲酸盐；另两次可选用第 1B 组杀虫剂毒死蜱、稻丰散、丙溴磷。

4. 防治稻蓟马的杀虫剂轮换用药方案

（1）使用第 4A 组杀虫剂吡虫啉、噻虫嗪（拌种处理），能有效防治稻蓟马以及前期白背飞虱。

（2）如需防治，可选用第 1B 组杀虫剂氧乐果、毒死蜱或第 1A 组杀虫剂丁硫克百威等常规药剂。

（三）南方双季稻区水稻害虫杀虫剂轮换用药防治方案

1. 防治螟虫（二化螟、三化螟）的杀虫剂轮换用药方案

防治第一代螟虫（二化螟、三化螟）：

第一次可选用第 1B 组杀虫剂三唑磷、丙溴磷，第 6 组的甲氨基阿维菌素苯甲酸盐；

第二次可选用第 18 组杀虫剂甲氧虫酰肼、第 14 组杀虫剂杀虫单。

防治第二至第四代螟虫（二化螟、三化螟）：

根据第一代螟虫用药情况，防治第二至第四代螟虫（二化螟、三化螟）可选用单剂或复配制剂进行轮换用药防治。

（1）**使用单剂防治。**第一次可选用第 28 组杀虫剂氯虫苯甲酰胺；第二次可选用第 6 组杀虫剂甲氨基阿维菌素苯甲酸盐、第 14 组杀虫剂杀螟丹。

（2）**使用复配制剂防治。**鉴于生产上常用药兼治螟虫（二化螟、三化螟）和稻纵卷叶螟或稻飞虱，因此可选用含氯虫苯甲酰胺的复配制剂。

① 兼治螟虫（二化螟、三化螟）和稻纵卷叶螟：选用第 28 组杀虫剂氯虫苯甲酰胺与第 6 组杀虫剂阿维菌素混合使用。

② 兼治螟虫（二化螟、三化螟）和白背飞虱：可选用第 28 组杀虫剂氯虫苯甲酰胺与第 4 组杀虫剂吡虫啉或第 16 组杀虫剂噻嗪酮混合使用。

③ 兼治螟虫（二化螟、三化螟）和褐飞虱：可选用第 28 组杀虫剂氯虫苯甲酰胺或第 6 组杀虫剂阿维菌素与第 16 组杀虫剂噻嗪酮或第 9 组杀虫剂吡蚜酮混合使用。

2. 防治稻飞虱的杀虫剂轮换用药方案

水稻白背飞虱和褐飞虱均为迁飞性害虫，早稻（5、6 月）通常以白背飞虱为害为主，晚稻前期（8 月上、中旬）以白背飞虱和褐飞虱混发为害为主，后期（9、10 月）以褐飞虱为害为主。鉴于褐飞虱对吡虫啉已产生极高水平抗性，应停止使用吡虫啉防治褐飞虱。

（1）**防治水稻白背飞虱。**第一次可选用第 4 组杀虫剂吡虫啉；第二次可选用第 16 组杀虫剂噻嗪酮、第 1B 组杀虫剂敌敌畏。

（2）**防治水稻白背飞虱和褐飞虱混发。**第一次可选用第 16 组杀虫剂噻嗪酮；第二次可选用第 9 组杀虫剂吡蚜酮；第三次可选用第 1B 组杀虫剂敌敌畏或毒死蜱。

（3）**防治水稻褐飞虱。**第一次可选用第9组杀虫剂吡蚜酮；第二次可选用第4组杀虫剂噻虫嗪或烯啶虫胺、第16组杀虫剂噻嗪酮；第三次可选用第1A组杀虫剂异丙威或速灭威。

3. 防治稻纵卷叶螟的杀虫剂轮换用药方案

主害代第一次用药可选第28组杀虫剂氯虫苯甲酰胺、第22组杀虫剂氰氟虫腙、第18组杀虫剂虫酰肼；第二次用药可选第6组杀虫剂阿维菌素或甲氨基阿维菌素苯甲酸盐、第11组杀虫剂苏云金杆菌；第三次用药可选第1B组杀虫剂毒死蜱、丙溴磷、稻丰散或第14组的杀虫单。

4. 防治稻蓟马的杀虫剂轮换用药方案

（1）使用第4A组杀虫剂吡虫啉、噻虫嗪（拌种处理），能有效防治稻蓟马。

（2）如需防治，可选用第1A组的丁硫克百威、第1B组杀虫剂氧乐果或毒死蜱、第4组杀虫剂吡虫啉或噻虫嗪等药剂进行轮换用药防治。

第三章

蔬菜害虫轮换用药防治方案

一、蔬菜杀虫剂重点产品介绍

硫双威 （thiodicarb）

【作用机理分类】第 1 组 （1A）

【化学结构式】

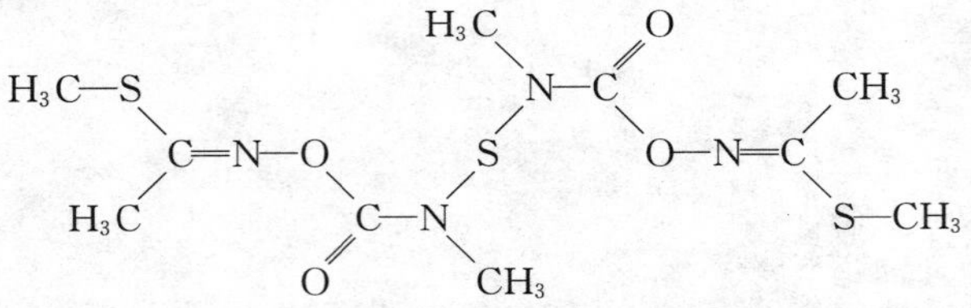

【曾用名】拉维因、硫双灭多威、双灭多威、田静、天佑、索斯、胜森、双捷

【理化性质】纯品为无色晶体，原药含有效成分 92%～95%，为浅棕褐色结晶。溶点：173～174 ℃。蒸气压：5.7 毫帕（20 ℃）。密度：1.44 克/毫升（20 ℃）。溶解性（25 ℃）：水中 35 毫克/升，二氯甲烷中 150 克/千克，丙酮中 8 克/千克，甲醇中 5 克/千克，二甲苯中 3 克/千克。稳定性：在 pH 6 稳定，pH 9 快速水解，pH 3 缓慢水解（DT_{50} 约 9 天）。水悬浮液遇日光分解。60 ℃以下稳定。

【毒性】中等毒。大白鼠急性经口 LD_{50} 66 毫克/千克（水中），120 毫克/千克（玉米油中）；小鼠急性口服 LD_{50} 325 毫克/千克，仅为灭多威毒性的 1/18（LD_{50} 为 17 毫克/千克）；猴大于 467 毫克/千克。兔急性经皮 LD_{50}＞2 000 毫克/千克（雄）。对猴、兔皮肤无刺激作用，对眼睛有轻微刺激作用。大鼠急性吸入 LC_{50}（4 小时）0.32 毫克/升。无慢性中毒，无致癌、致畸、致突变作用，对作物安全。两年饲喂试验无作用剂量：大鼠 3.75 毫克/（千克·天）、小鼠 5.0 毫克/（千克·天）。对鸟类低毒，日本鹌鹑急性经口 LD_{50} 2 023 毫克/千克，野鸭饲喂 LC_{50} 5 620 毫克/千克。对鱼类毒性中等，蓝鳃鱼 LC_{50}（96 小时）1.4 毫克/升，虹鳟鱼 LC_{50}（96 小时）＞3.3 毫克/升。水蚤 LC_{50}（48 小时）0.027 毫克/升。直接喷雾到蜜蜂上有中等毒性，但喷雾的残液干后对蜜蜂无毒，对天敌较安全。

【防治对象】硫双威对某些鳞翅目害虫的卵、成虫有毒杀作用，可用于蔬菜、棉花、水稻、果树及经济作物等防治棉铃虫、红铃虫、卷叶蛾类、食心虫类、菜青虫、夜盗虫、斜纹夜蛾、马铃薯块茎蛾、茶细蛾、茶小卷叶蛾等。对蚜虫、螨类、蓟马等吸汁性害虫几乎没有杀灭效果。

【使用方法】

（1）**蔬菜害虫** 防治十字花科蔬菜甜菜夜蛾，每亩用 25％可湿性粉剂 40～50 克，约稀释 1 000～1 500 倍液均匀喷雾。

（2）**棉花害虫** 防治棉铃虫，有效成分浓度 500～625 毫克/升（例如 75％悬浮剂 1 200～1 500 倍液）在田间棉铃虫卵孵化盛期喷雾使用。

【注意事项】

（1）药剂应原包装储存于阴凉、干燥且远离儿童、食品、饲料及火源的地方。

（2）施药前请详细阅读产品标签，并按说明使用。施药时要穿戴好防护用具，避免与药剂直接接触。施药后换洗被污染的衣服，妥善处理废弃包装物。

（3）因其属于胃毒杀虫剂，施药时药液要喷洒均匀。可与氨基甲酸酯类、有机磷类农药混合使用，不能与碱性或强酸性农药混合使用，也不能与代森锌、代森锰锌混合使用。

（4）对高粱和棉花的某些品种有轻微药害。

（5）选择卵孵化盛期用药，以发挥其优秀杀卵活性。为防止棉铃虫在短时间内对该药产生抗性，应避免连续使用，可与灭多威交替使用。建议每季棉花上使用次数不超过 2 次。

（6）对蚜虫、螨类、蓟马等刺吸式口器害虫效果不佳，如需防治时，可与其他有机磷类、拟除虫菊酯类等农药混用。

（7）如误服，要立即饮用食盐水或肥皂水后吐出，直至吐出液变透明，同时请医生诊治；用阿托品 0.5～2 毫克口服或肌肉注射，重者加用肾上腺素。禁用解磷定、氯磷定、双复磷、吗啡。

【主要制剂和生产企业】75%、25%可湿性粉剂；375 克/升悬浮剂。

浙江省宁波中化化学品有限公司、山东华阳科技股份有限公司、江苏省南通施壮化工有限公司、山东立邦化工有限公司、德国拜耳作物科学公司。

甲氰菊酯（fenpropathrin）

【作用机理分类】第 3 组

【化学结构式】

【曾用名】灭扫利

【理化性质】纯品为白色结晶固体，原药为棕黄色液体。原药相对密度（25 ℃）1.15，熔点：45～50 ℃，闪点：205 ℃，20 ℃时蒸气压 0.73 毫帕。纯品熔点 49～50 ℃，相对密度 1.153 [蒸气压 7.33×10⁻⁴帕（20 ℃）]。几乎不溶于水，溶于丙酮、乙腈、二甲苯、环己烷、氯仿等有机溶剂。对光、热、潮湿稳定，在碱性条件下分解。

【毒性】中等毒。纯品大鼠经口 LD_{50} 49～541 毫克/千克，经皮 LD_{50} 900～1 410 毫克/千克，腹腔注射 180～225 毫克/千克，小鼠经口 LD_{50} 58～67 毫克/千克，经皮 LD_{50} 900～1 350 毫克/千克，腹腔注射 210～230 毫克/千克。原药大鼠急性口服 LD_{50} 107～164 毫克/千克，急性经皮 LD_{50} 600～870 毫克/千克，原药大鼠经口无作用剂量 25 毫克/千克（雌），＞500 毫克/千克（雄）。

【防治对象】甲氰菊酯对害虫具有触杀、胃毒和一定的驱避作用，无内吸和熏蒸作用。杀虫谱广，残效期长。对多种叶螨有良好的防效。对鳞翅目幼虫高效，对半翅目和双翅目害虫也有效。可防治菜青虫、小菜蛾、棉红蜘蛛、棉铃虫、棉蚜、苹果小卷叶蛾、梨小食心虫、柑橘红蜘蛛、木虱、粉虱等。

【使用方法】

（1）蔬菜害虫　防治菜青虫、小菜蛾，在幼虫二、三龄期用药，每亩用 20%乳油 20～30 毫升（有效成分 4～6 克），对水 50～75 千克喷雾，残效期 7～10 天。防治温室白粉虱，于若虫盛发期用药，每亩用 20%乳油 10～25 毫升（有效成分 2～5 克），对水 80～120 千克喷雾。

（2）**棉花害虫**　防治棉铃虫、红铃虫，卵孵化盛期施药，每亩用 20％乳油 30～40 毫升（有效成分 6～8 克），对水 75～100 千克喷雾，可兼治伏蚜、造桥虫、蓟马、棉盲蝽、卷叶虫、玉米螟等害虫。防治红蜘蛛，在成、若螨发生期施药，剂量和方法同棉铃虫。

（3）**果树害虫**　防治柑橘潜叶蛾，新梢放梢初期 3～6 天，或卵孵化期施药，用 20％乳油 4 000～10 000 倍液喷雾，根据蛾卵量间隔 10 天再喷一次。

防治桃小食心虫，于卵孵化盛期、卵果率达 1％时施药，用 20％乳油 2 000～3 000 倍液喷雾，共施药 2～4 次，间隔 10 天左右。

防治山楂红蜘蛛、苹果红蜘蛛，于发生期用 20％乳油 2 000～3 000 倍液喷雾。防治柑橘红蜘蛛，于成、若螨发生期用 20％乳油 2 000～4 000 倍液喷雾。

防治桃蚜、苹果瘤蚜、桃粉蚜，于发生期用 20％乳油 4 000～6 000 倍液喷雾。防治柑橘蚜，在新梢有蚜株率达 10％时用药，用 20％乳油 4 000～8 000 倍液喷雾。

防治荔枝椿象，3 月下旬至 5 月下旬，成虫大量活动产卵期和若虫盛发期各施药一次，用 20％乳油 3 000～4 000 倍液喷雾。

【对天敌和有益生物的影响】甲氰菊酯对广赤眼蜂、螟黄赤眼蜂和松毛虫赤眼蜂等寄生性天敌有一定影响。对鸟低毒，对鱼高毒，对蜜蜂和蚕剧毒。

【注意事项】

（1）不可与碱性农药混用。

（2）不能在桑园、鱼塘、河流、养蜂场所等处及其周围用药，以免杀伤蚕、蜜蜂、水生生物等有益生物。

（3）本品无内吸杀虫作用，施药要均匀周到。本品可作为虫螨兼治用药，但不能作为专用杀螨剂使用。

（4）棉花收获前 21 天及苹果采收前 14 天，停止用药。

（5）中毒症状和急救措施参考其他拟除虫菊酯类农药。

【主要制剂和生产企业】20％、10％乳油；20％水乳剂；20％可湿性粉剂；10％微乳剂。

辽宁大连瑞泽农药股份有限公司、南京第一农药集团有限公司、广东省中山市凯达精细化工股份有限公司、日本住友化学株式会社等。

醚菊酯（etofenprox）

【作用机理分类】第 3 组

【化学结构式】

【曾用名】 MTI－500、多来宝

【理化性质】 纯品为白色结晶粉末，纯度≥96.0%。熔点：36.4～38.0℃。沸点：200℃(24帕)。蒸气压：32毫帕（100℃）。油水分配系数：7.05(25℃)。密度：1.157(23℃，固体)；1.067(40.1℃，液体)。溶解性(25℃)：在水中的溶解度<1毫克/升，在一些有机溶剂中的溶解度分别为：氯仿858克/升、丙酮908克/升、乙酸乙酯875克/升、二甲苯84.8克/升、甲醇76.6克/升。稳定性：在酸、碱性介质中稳定，在80℃时可稳定90天以上，对光稳定。

【毒性】 低毒。 原药大鼠急性口服 LD_{50}＞4 000毫克/千克，急性经皮 LD_{50}＞2 000毫克/千克。对皮肤和眼睛无刺激。

【防治对象】 醚菊酯对害虫有触杀和胃毒作用，无内吸作用。醚菊酯杀虫谱广，击倒速度快，持效期长，适用于防治蔬菜、棉花、果树、水稻等作物上的鳞翅目、半翅目、双翅目和直翅目等多种害虫，如褐飞虱、白背飞虱、黑尾叶蝉、棉铃虫、红铃虫、桃蚜、瓜蚜、白粉虱、菜青虫、茶毛虫、茶尺蠖、茶刺蛾、桃小食心虫、梨小食心虫、柑橘潜叶蛾、烟草夜蛾、小菜蛾、玉米螟、大螟、大豆食心虫、德国蜚蠊等。对螨类无效。

【防治对象】

(1) **蔬菜害虫** 防治菜青虫，在幼虫二、三龄期用药，每亩用10%悬浮剂70～90毫升（有效成分7～9克），对水喷雾。防治小菜蛾、甜菜夜蛾，在二龄幼虫盛发期用药，每亩用10%悬浮剂80～100毫升（有效成分8～10克），对水喷雾。防治萝卜蚜、甘蔗蚜、桃蚜、瓜蚜等，用10%悬浮剂2 000～2 500倍液（有效浓度40～50毫克/千克）喷雾。

(2) **棉花害虫** 防治棉铃虫，卵盛孵期施药，每亩用10%悬浮剂100～120毫升（有效成分10～12克），对水喷雾。防治红铃虫，在二、三代卵盛孵期施药，剂量同棉铃虫，每代施药2～3次。防治烟草夜蛾、棉叶波纹夜蛾、白粉虱等害虫，每亩用10%悬浮剂65～130毫升（有效成分6.5～13克），对水喷雾。防治蚜虫，在棉苗卷叶前，每亩用10%悬浮剂50～60毫升（有效成分5～6克），对水喷雾。

(3) **果树害虫** 防治梨小食心虫、蚜虫、苹果蠹蛾、葡萄蠹蛾、苹果潜叶

蝇等，用 10％悬浮剂 833～1 000 倍液（有效浓度 100～120 毫克/千克）喷雾。

（4）**茶树害虫**　防治茶尺蠖、茶毛虫、茶刺蛾等，在幼虫二、三龄期用药，用 10％悬浮剂 1 666～2 000 倍液（有效浓度 50～60 毫克/千克）喷雾。

【对天敌和有益生物的影响】醚菊酯对狼蛛、微蛛等天敌有一定的杀伤作用。对鱼类和鸟类低毒，对蜜蜂和蚕毒性较高。

【注意事项】

（1）不宜与强碱性农药混用。存放于阴凉干燥处。

（2）本品无内吸杀虫作用，施药应均匀周到；防治钻蛀性害虫时，应掌握在幼虫蛀入前用药。

（3）悬浮剂放置时间较长出现分层时，应先摇匀再使用。

（4）如发生误服，可给予数杯热水引吐，保持安静并立即送医院治疗。

【主要制剂和生产企业】10％悬浮剂；20％乳油；4％油剂；5％可湿性粉剂。

江苏百灵农化有限公司、浙江威尔达化学有限公司、江苏辉丰农化股份有限公司、山西绿海农药科技有限公司、江苏七州绿色化工股份有限公司等。

联苯菊酯（bifenthrin）

【作用机理分类】第 3 组

【化学结构式】

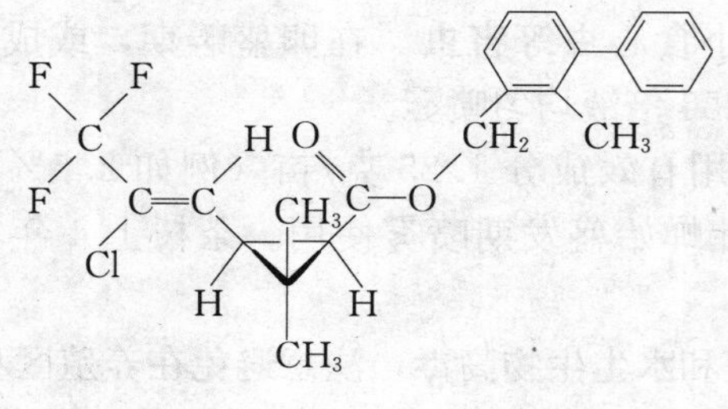

(Z)-(1R)-顺式酸

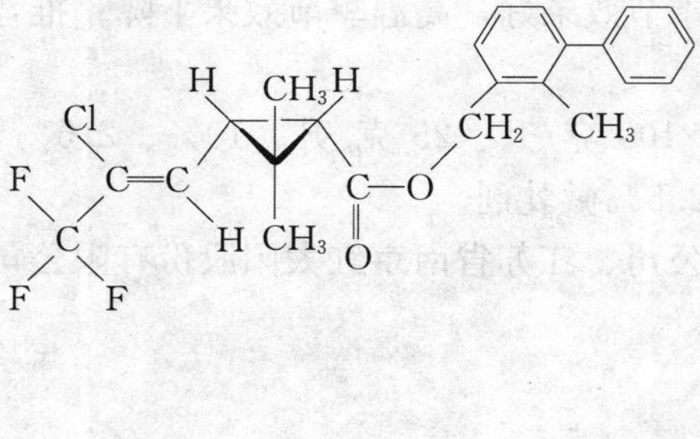

(Z)-(1S)-顺式酸

【曾用名】天王星、茶宝、茶击

【理化性质】纯品为固体，原药为浅褐色固体。蒸气压：2.4×10^{-2} 帕（25 ℃）。熔点：68～70.6 ℃（纯品）；57～64 ℃（原药）。溶解性：水 0.1 毫克/升，丙酮 1.25 千克/升，并可溶于氯仿、二氯甲烷、乙醚、甲苯。密度：1.210。稳定性：对光稳定，在酸性介质中也较稳定，在常温下储存一年仍较稳定，但在碱性介质中会分解。

【毒性】**中等毒**。大鼠急性口服 LD_{50} 316 毫克/千克，经皮 LD_{50} 2 000 毫克/千克；慢性毒性口服无作用剂量为 5 毫克/（千克·天）（大鼠）；1.5 毫克/（千克·天）（犬）。对蜜蜂、鱼、家蚕等高毒。

【防治对象】联苯菊酯具有触杀和胃毒作用，兼具驱避和拒食作用，无内吸和熏蒸作用；击倒作用快，持效期长，防治螨类可长达 28 天，是拟除虫菊酯类产品中对螨类具有高效的品种。适用于蔬菜、棉花、果树、茶叶等多种作物上，防治鳞翅目幼虫、粉虱、蚜虫、叶蝉、叶螨等害虫、害螨。尤其在害虫和害螨并发时使用，省时省药。

【使用方法】

（1）防治蔬菜烟粉虱　用量为有效成分 0.75 克/亩（例如 2.5％联苯菊酯乳油 30 毫升/亩），在烟粉虱始盛发期喷雾施药。

（2）防治棉花棉铃虫、红铃虫、棉红蜘蛛等　在卵盛孵期，或成、若螨发生期，用 2.5％乳油 1 000～1 500 倍液均匀喷雾。

（3）防治柑橘红蜘蛛、潜叶蛾等害虫　在卵盛孵期，或成、若螨发生期，用 2.5％乳油 1 000～1 500 倍液均匀喷雾。

（4）防治苹果叶螨、桃小食心虫等害虫　在卵盛孵期，或成、若螨发生期，用 2.5％乳油 1 000～1 250 倍液均匀喷雾。

（5）防治茶小绿叶蝉　用有效成分 1.25 克/亩（例如 2.5％联苯菊酯乳油 50 毫升/亩），在茶小绿叶蝉始盛发期喷雾使用。茶树上 1 年内至多使用 2 次。

【注意事项】对蜜蜂、蚕和水生生物高毒，注意避免在养殖区和稻田使用，药液也不可污染水体；低温季节效果好，高温季节效果下降；推荐剂量下，茶叶上的安全间隔期为 7 天。

【主要制剂和生产企业】100 克/升、25 克/升、10％、2.5％乳油；10％、4.5％水乳剂；5％悬浮剂；2.5％微乳剂。

江苏扬农化工股份有限公司、江苏省南京红太阳股份有限公司、美国富美实公司等。

氟氯氰菊酯（cyfluthrin）

【作用机理分类】第 3 组

【化学结构式】

【曾用名】百树德

【理化性质】纯品为无色结晶，不同的光学异构体熔点不同，原药为棕色含有结晶的黏稠液体，无特殊气味。密度：1.27～1.28。熔点：60 ℃。对光稳定，酸性介质中较稳定，碱性介质中易分解，当 pH 大于 7.5 时就会被分解，常温下储存两年不变质。几乎不溶于水，易溶于丙醇、二氯甲烷、己烷、甲苯等有机溶剂。

【毒性】低毒。原药对大鼠急性口服 LD_{50} 590～1 270 毫克/千克，急性经皮 LD_{50} ＞5 000 毫克/千克。大鼠 90 天饲喂试验无作用剂量 125 毫克/千克。对皮肤无刺激，对眼睛有轻度刺激，但 2 天内即可消失。

【防治对象】氟氯氰菊酯对害虫具有触杀和胃毒作用，无内吸和渗透作用。本品杀虫谱广，击倒速度快，持效期长。能有效防治蔬菜、棉花、果树、茶树、烟草、大豆等植物上的鞘翅目、半翅目、同翅目和鳞翅目害虫，如棉铃虫、棉红铃虫、烟芽夜蛾、棉铃象甲、苜蓿叶象甲、尺蠖、苹果蠹蛾、菜青虫、小菜蛾、美洲黏虫、马铃薯甲虫、蚜虫、玉米螟等害虫。也可防治某些地下害虫，如地老虎等。

【使用方法】

（1）蔬菜害虫　防治菜青虫，平均每株甘蓝有虫 1 头开始用药。防治蚜虫在虫口上升时用药。每亩用 5%乳油 23～30 毫升（有效成分 1.15～1.5 克）对水 20～50 千克喷雾。

（2）棉花害虫　防治棉铃虫，在棉田一代发生期，当一类田百株卵量超过200 粒或低龄幼虫 35 头，其他棉田百株卵量 80～100 粒或低龄幼虫 10～15 头时用药，棉田二代发生期，当百株幼虫 8 头时用药，每亩用 5%乳油 28～44

毫升（有效成分 1.4～2.2 克），对水 50 千克喷雾。防治红铃虫，重点针对二、三代，用药量和方法同棉铃虫。

（3）**果树害虫** 防治苹果黄蚜，苹果开花后，在虫口上升时用药，用 5% 乳油 5 000～6 000 倍液或每 100 升水中加 5% 乳油 16.7～20 毫升（有效浓度 8.3～10 毫克/千克）喷雾。

【对天敌和有益生物的影响】氟氯氰菊酯对草间小黑蛛、七星瓢虫、龟纹瓢虫、异色瓢虫等天敌杀伤力较大。对鱼剧毒，对蜜蜂高毒。

【注意事项】

（1）不可与碱性农药混用。

（2）不能在桑园、鱼塘、河流、养蜂场所等处及其周围用药，以免杀伤蚕、蜜蜂、水生生物等有益生物。

（3）施药时应喷洒均匀。

（4）棉花上每季最多用药 2 次，收获前 21 天停止用药。

【主要制剂和生产企业】50 克/升、5.7% 乳油；5.7% 水乳剂；0.3% 粉剂。

浙江威尔达化工有限公司、江苏扬农化工股份有限公司、江苏润泽农化有限公司、江苏黄马农化有限公司、德国拜耳作物科学公司等。

除虫菊素（pyrethrins）

【作用机理分类】第 3 组

【化学结构式】

除虫菊素 I R=—CH₃ 除虫菊素 II R=CH₃OOC—

【曾用名】云菊、菊灵

【理化性质】除虫菊素是一种典型的神经毒剂，其中主要成分为除虫菊素 I 和 II。除虫菊素 I 为黏稠液体；沸点：146～150 ℃（0.067 帕），比旋光度 $[\alpha]$ 为 $-14°$（异辛烷）；不溶于水，能溶于乙醇、石油醚、四氯化碳、二氯甲烷、硝基甲烷等溶剂。其缩氨脲衍生物的熔点为 114～146 ℃。除虫菊素 I 暴露于空气中易氧化而失去杀虫活性，因此必须避光冷藏。除虫菊素 II 为黏稠液体；暴露于空气中易氧化失效；沸点：192～193 ℃（0.93 帕），［α］＋14.7°（异辛烷—乙醚）；其溶解度、化学性质和毒性大致与除虫菊素Ⅰ相似。

【毒性】低毒。兔急性经皮为 LC_{50}＞2 370 毫克/千克，大白鼠急性经口 LD_{50}＞5 000 毫克/千克。

【防治对象】在农业上主要用于防治蔬菜蚜虫、蓟马和菜青虫、叶蜂、猿叶虫、金花虫、椿象等害虫。

【使用方法】防治蔬菜蚜虫，亩用有效成分1.8克（例如1.5％乳油120毫升），在蚜虫始盛发期喷雾使用。

【注意事项】

（1）除虫菊素见光易分解，最好选在傍晚喷洒。

（2）除虫菊素不能与石硫合剂、波尔多液、松脂合剂等碱性农药混用。

（3）商品制剂需在密闭容器中保存，避免高温、潮湿和阳光直射。

（4）除虫菊素是强力触杀性药剂，施药时药剂一定要接触虫体才有效，否则效果不好。

（5）对鱼和蜜蜂高毒，使用时要远离养殖场所。

【主要制剂和生产企业】5％乳油、1.5％水乳剂、0.6％气雾剂。

云南省红河森菊生物有限责任公司、云南省玉溪山水生物科技有限责任公司、云南南宝植化有限责任公司等。

多杀菌素（spinosad）

【作用机理分类】第5组

【化学结构式】

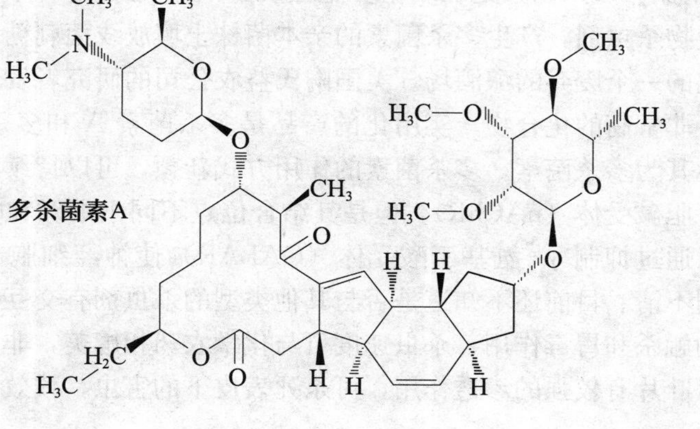

多杀菌素A

多杀菌素D

【理化性质】原药为白色结晶固体。熔点：多杀菌素 A：84.0～99.5 ℃、多杀菌素 D：161.5～170 ℃。蒸气压（20 ℃）：$1.3×10^{-10}$帕。溶解度：水中 235 毫克/升（pH=7）；能以任意比例与醇类、脂肪烃、芳香烃、卤代烃、酯类、醚类和酮类混溶。稳定性：对金属和金属离子在 28 天内相对稳定。在环境中通过多种途径降解，主要是光降解和微生物降解，最终变为碳、氢、氧、氮等自然成分。见光易分解，水解较快，水中半衰期为 1 天；在土壤中半衰期 9～10 天。

【毒性】低毒。原药对雌性大鼠急性口服 LD_{50}＞5 000 毫克/千克，雄性为 3 738 毫克/千克，小鼠＞5 000 毫克/千克，兔急性经皮 LD_{50}＞5 000 毫克/千克。对皮肤无刺激，对眼睛有轻微刺激，2 天内可消失。对哺乳动物和水生生物的毒性相当低。多杀菌素在环境中可降解，无富集作用，不污染环境。

【防治对象】多杀菌素是在刺糖多胞菌发酵液中提取的一种大环内酯类无公害高效生物杀虫剂。产生多杀菌素的亲本菌株土壤放线菌刺糖多胞菌最初分离自加勒比的一个废弃的酿酒场。美国陶氏益农公司的研究者发现该菌可以产生杀虫活性非常高的化合物，实用化的产品是多杀菌素 A 和多杀菌素 D 的混合物，故称其为多杀菌素。多杀菌素的作用方式新颖，可以持续激活靶标昆虫烟碱型乙酰胆碱受体（nAChR），但是其结合位点不同于烟碱和吡虫啉。多杀菌素也可以通过抑制 γ-氨基丁酸受体（GABAR）使神经细胞超极化，但具体作用机制不清。目前还不知道是否与其他类型的杀虫剂有交互抗性。对害虫具有快速的触杀和胃毒作用，杀虫速度可与化学农药相媲美，非一般的生物农药可比。对叶片有较强的渗透作用，可杀死表皮下的害虫，残效期较长，对一些害虫具有一定的杀卵作用。无内吸作用。能有效防治鳞翅目、双翅目和缨翅目害虫，如可有效防治小菜蛾、甜菜夜蛾及蓟马等害虫。也能很好的防治鞘翅目和直翅目中某些大量取食叶片的害虫种类，对刺吸式害虫和螨类的防治效果较差。因杀虫作用机制独特，目前尚未发现与其他杀虫剂存在交互抗药性的报道。对植物安全，无药害。适合于蔬菜、果树等园艺作物及其他农作物上使用。杀虫效果受下雨影响较小。

【使用方法】

（1）**蔬菜害虫** 防治小菜蛾，在低龄幼虫盛发期，用 25 克/升悬浮剂 1 000～1 500 倍液均匀喷雾，或每亩用 25 克/升悬浮剂 33～50 毫升对水 20～50 千克喷雾。防治甜菜夜蛾，于低龄幼虫期，每亩用 25 克/升悬浮剂 50～100 毫升对水喷雾，傍晚施药效果最好。防治蓟马，于发生期，每亩用 25 克/升悬浮剂 33～50 毫升对水喷雾，或用 25 克/升悬浮剂 1 000～1 500 倍液均匀喷雾，重点在幼嫩组织如花、幼果、顶尖及嫩梢等部位。

（2）**棉花害虫** 防治棉铃虫、烟青虫，于低龄幼虫发生期，每亩用 48 克/升悬浮剂 4.2～5.6 毫升，对水 20～50 千克喷雾。

（3）**柑橘害虫** 防治柑橘小食蝇，每亩用 0.02％的饵剂 70～100 毫升用点喷状喷洒的方法进行投饵。

【对天敌和有益生物的影响】多杀菌素对青翅蚁型隐翅虫、菜蛾绒茧蜂具有直接杀伤作用，对寄生性天敌有一定的杀伤作用。

【注意事项】

（1）可能对鱼或其他水生生物有毒，应避免污染水源和池塘等。

（2）药剂储存在阴凉干燥处。

（3）最后一次施药离收获的时间为 1 天。

（4）如溅入眼睛，立即用大量清水冲洗。如接触皮肤或衣物，用大量清水或肥皂水清洗。如误服不要自行引吐，切勿给不清醒或发生痉挛患者灌喂任何东西或催吐，应立即将患者送医院治疗。

【主要制剂和生产企业】25 克/升、480 克/升悬浮剂；0.02 饵剂。

美国陶氏益农公司。

乙基多杀菌素（spinetoram）

【作用机理分类】第 5 组

【化学结构式】

【曾用名】爱绿士

【理化性质】乙基多杀菌素是从放线菌刺糖多胞菌（*Saccharopolyspora spinosa*）发酵产生的多杀菌素（spinasad）的换代产品。其原药的有效成分是乙基多杀菌素-J和乙基多杀菌素-L混合物（比值为3∶1）。乙基多杀菌素-J（22.5℃）外观为白色粉末，乙基多杀菌素-L（22.9℃）外观为白色至黄色晶体，带苦杏仁味。比重（XDE-175-J）：1.149 5±0.001 5克/厘米³（19.5±0.4℃）、比重（XDE-175-L）：1.180 7±0.016 7克/厘米³（20.1±0.6℃）；熔点（XDE-175-L）：70.8℃；分解温度：497.8℃（XDE-175-J）、290.7℃（XDE-175-L）；溶解度（20～25℃、水，XDE-175-J）：10.0毫克/升、溶解度（XDE-175-L）：31.9毫克/升；在甲醇、丙酮、乙酸乙酯、1,2-二氯乙烷、二甲苯中＞250毫克/升；在pH 5、7缓冲液中乙基多杀菌素-J和乙基多杀菌素-L都是稳定的，但在pH 9的缓冲溶液中乙基多杀菌素-L的半衰期为154天，降解为N-脱甲基多杀菌素-L。

【毒性】**低毒**。乙基多杀菌素原药大鼠急性经口、经皮LD$_{50}$＞5 000毫克/千克，急性吸入LC$_{50}$＞5.5毫克/升；对兔眼睛有刺激性，皮肤无刺激性；无致敏性，大鼠3个月亚慢性喂养毒性试验最大无作用剂量：雄性大鼠为34.7毫克/（千克·天），雌性大鼠为10.1毫克/（千克·天）；致突变试验：污染物致突变性检测试验、小鼠骨髓细胞微核试验、体外哺乳动物细胞基因突变试验、体外哺乳动物细胞染色体畸变试验均为阴性，未见致突变性。

【防治对象】乙基多杀菌素是从放线菌刺糖多胞菌发酵产生的，其作用机理是作用于昆虫神经中烟碱型乙酰胆碱受体和r-氨基丁酸受体，致使虫体对兴奋性或抑制性的信号传递反应不敏感，影响正常的神经活动，直至死亡。乙基多杀菌素具有胃毒和触杀作用,主要用于防治鳞翅目幼虫、蓟马和潜叶蝇等,对小菜蛾、甜菜夜蛾、潜叶蝇、蓟马、斜纹夜蛾、豆荚螟有好的防治效果。

【使用方法】乙基多杀菌素60克/升悬浮剂对甘蓝上的小菜蛾有较好防效,用药量为20~40毫升/亩,加水稀释后喷雾。

【主要制剂和生产企业】60克/升悬浮剂。

美国陶氏益农公司。

苏云金杆菌(*Bacillus thuringiensis*)

【作用机理分类】第11组

【化学结构式】

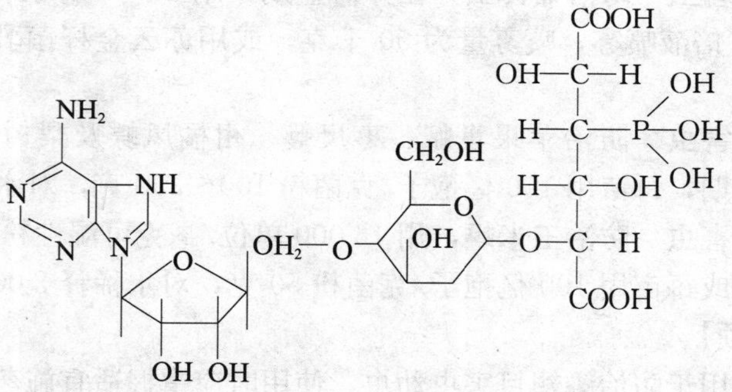

【曾用名】敌宝、快来顺、康多惠、Bt杀虫剂

【理化性质】原药为黄色固体,是一种细菌杀虫剂,属好气性蜡状芽孢杆菌,在芽孢内产生杀虫蛋白晶体,已报道有34个血清型,50多个变种。

【毒性】低毒。鼠口服按每1千克体重给予2×10^{22}活芽孢无中毒症状,对豚鼠皮肤局部给药无副作用,鼠吸入杆菌粉尘肉眼病理检查无阳性反应。

【防治对象】苏云金杆菌是一类革兰氏阳性土壤芽孢杆菌,在形成芽孢的同时,产生伴孢晶体即δ-内毒素,这种晶体蛋白进入昆虫中肠,在中肠碱性条件下降解为具有杀虫活性的毒素,破坏肠道内膜,引起肠道穿孔,使昆虫停止取食,最后因饥饿和败血症而死亡。苏云金杆菌可产生两大类毒素:内毒素(即伴孢晶体)和外毒素。伴孢晶体是主要毒素。据统计,目前在各种苏云金杆菌变种中已发现130多种可编码杀虫蛋白的基因,由于不同变种中所含编码基因的种类及表达效率的差异,使不同变种在杀虫谱上存在较大差异,现已开发出可有效防治直翅目、鞘翅目、双翅目、膜翅目，特别是鳞翅目的苏云金杆菌生物农药制剂。

【使用方法】

（1）**蔬菜害虫** 防治小菜蛾、烟青虫，在卵孵盛期，用16 000单位/毫克可湿性粉剂1 000～1 600倍液喷雾，喷雾量为50千克，或用苏云金杆菌乳剂1 000倍液喷雾。防治菜青虫，在卵孵盛期，用16 000单位/毫克可湿性粉剂1 500～2 000倍液喷雾，喷雾量为50千克，或每亩用100亿孢子/克菌粉50克，对水稀释2 000倍液喷雾。

（2）**水稻害虫** 防治稻苞虫，用16 000单位/毫克可湿性粉剂1 500～2 000倍液喷雾，喷雾量为50千克，或每亩用100亿孢子/克菌粉50克，对水稀释2 000倍液喷雾。防治稻纵卷叶螟，用16 000单位/毫克可湿性粉剂500～1 000倍液喷雾，喷雾量为50千克。

（3）**棉花害虫** 防治棉铃虫，在卵孵盛期，用16 000单位/毫克可湿性粉剂500～1 000倍液喷雾，喷雾量为50千克，或用苏云金杆菌乳剂1 000倍液喷雾。

（4）**果树害虫** 防治苹果巢蛾、枣尺蠖、柑橘凤蝶及梨树天幕毛虫等害虫，在卵孵盛期，每亩用100亿孢子/克菌粉100～250克，对水喷雾。

（5）**旱粮害虫** 防治玉米螟，用16 000单位/毫克可湿性粉剂1 000倍液，拌细砂灌心。或每亩用100亿孢子/克菌粉50克，对水稀释2 000倍液灌心。

【注意事项】

（1）主要用于防治鳞翅目害虫幼虫，使用时应掌握适宜施药时期，一般对低龄幼虫具有良好杀虫效果，随虫龄增大，效果将显著降低。因此一般在害虫卵孵盛期用药，比化学农药用药期提前2～3天，以充分发挥其对低龄幼虫的良好杀虫作用。

（2）不能与杀菌剂或内吸性有机磷杀虫剂混用。

（3）对蚕高毒，应避免在养蚕区及其附近使用。

（4）药剂储存在25℃以下的阴凉干燥处，防止暴晒或潮湿，以免变质。

【主要制剂和生产企业】100亿活芽孢/克、32 000单位/毫克、16 000单位/毫克、8 000单位/毫克可湿性粉剂；4 000单位/毫升、2 000单位/毫升悬浮剂；0.2%颗粒剂。

湖北省武汉科诺生物农药厂、福建蒲城绿安生物农药有限公司、山东省乳山韩威生物科技有限公司、湖北康欣农用药业有限公司、上海威敌生化（南昌）有限公司等。

丁醚脲（diafenthiuron）

【作用机理分类】第12组

【化学结构式】

【曾用名】宝路、吊无影、品路

【理化性质】纯品为白色粉末。比重：1.08（20 ℃）。熔点：149.6 ℃。蒸气压：$<2\times10^{-6}$ 帕（25 ℃）。溶解度：25 ℃时在水中 62 微克/升；20 ℃时，在甲醇中 40 克/升，丙酮中 280 克/升，甲苯中 320 克/升，乙烷中 8 克/升，正辛醇中 23 克/升。原药外观为白色至浅灰色粉末，比重：1.09（20 ℃），pH 7.5（25 ℃）。

【毒性】**中等毒**。原药大鼠急性经口 LD_{50} 2 068 毫克/千克，大鼠急性经皮 $LD_{50}>2 000$ 毫克/千克，急性吸入（4 小时）LC_{50} 558 毫克/米³。对兔皮肤和眼睛无刺激性和致敏性，对动物无致癌、致畸、致突变作用。

【防治对象】广泛应用于果树、棉花、蔬菜和茶树以及观赏植物上，可有效控制植食性螨类（叶螨科、跗线螨科），还可控制小菜蛾、菜粉蝶、粉虱和夜蛾的为害，能够防除蚜虫的敏感品系以及对氨基甲酸酯类、有机磷类和拟除虫菊酯类农药产生抗性的蚜虫、大叶蝉和椰粉虱等。

【使用方法】

（1）**蔬菜害虫**　在小菜蛾发生"青峰"期（4～6月），或甘蓝结球期以及甘蓝莲座期，于小菜蛾二、三龄为主的幼虫盛发期施药，每亩用 50％可湿性粉剂 50～100 克，或 80％可湿性粉剂 50～75 克，加水 40～50 升喷雾，连续两次施药间隔期 10～15 天，可有效控制小菜蛾的为害。

对甜菜夜蛾，每亩用 50％可湿性粉剂 60～100 克，加水 40～50 升喷雾。

对菜青虫，每亩可用 25％乳油 60～80 毫升，加水 40～50 升喷雾。

（2）**果树害虫**　防治叶螨，使用剂量为有效成分浓度 400 毫克/千克（例如 50％悬浮剂 1 250 倍液）在苹果红蜘蛛发生始盛期，施药方法为叶面喷雾。

【对天敌和有益生物的影响】丁醚脲对卷蛾分索赤眼蜂成蜂有一定的杀伤作用，降低其寄生力。对鱼、蜜蜂毒性较高。

【注意事项】对蜜蜂、鱼有毒，使用时应注意；施药时避免身体与药剂直接接触，穿戴好防护服。如有药剂污染皮肤、溅入眼中，立即用大量清水冲洗。

【主要制剂和生产企业】80％、50％可湿性粉剂；25％乳油；50％悬浮剂。江苏瑞邦农药厂、广东省东莞市瑞德丰生物科技有限公司、江苏常隆化工有限公司、陕西秦丰农化有限公司、陕西省蒲城县美邦农药有限责任公司、深圳诺普信农化股份有限公司、山东省淄博市化工研究所长山实验厂、陕西标正作物科学有限公司、山东省青岛海利尔药业有限公司、湖南大方农化有限公司等。

虫螨腈（chlorfenapyr）

【作用机理分类】第 13 组

【化学结构式】

【曾用名】除尽、溴虫腈

【理化性质】原药外观为淡黄色固体，有效成分含量 94.5％，熔点：100～101 ℃，25 ℃时饱和蒸气压：$<1 \times 10^{-11}$ 帕。该品可溶于丙酮、乙醚、四氯化碳、乙腈、醇类，不溶于水。

【毒性】低毒。原药大白鼠急性经口 LD_{50} 626 毫克/千克。兔急性经皮 $LD_{50} > 2\,000$ 毫克/千克。对神经系统未见急性毒性，对兔眼睛及皮肤无刺激性，对豚鼠皮肤无致敏作用，未见致畸作用。土壤中的半衰期为 75 天。

【防治对象】虫螨腈作用于昆虫体内细胞中的线粒体，通过昆虫体内的多功能能氧化酶起作用。主要抑制二磷酸腺苷（ADP）向三磷酸腺苷（ATP）的转化，而三磷酸腺苷是储存细胞维持其生命机能所必需的能量。虫螨腈通过胃毒及触杀作用于害虫，在植物叶面渗透性强，有一定的内吸作用，可以控制对氨基甲酸酯类、有机磷类和拟除虫菊酯类杀虫剂产生抗性的昆虫和某些螨。主要用于防治十字花科蔬菜上的小菜蛾、甜菜夜蛾等。

【使用方法】防治甜菜夜蛾，使用剂量为有效成分 5 克/亩（例如 10％悬浮剂 50 毫升/亩），在甜菜夜蛾二龄以前喷雾施药。

防治小菜蛾，使用剂量为有效成分 3.35～5 克/亩（例如 10％悬浮剂 33.5～50毫升/亩），在小菜蛾卵孵化盛期或幼虫二龄以前喷雾施药。

【对天敌和有益生物的影响】虫螨腈对草间小黑蛛、卷蛾分索赤眼蜂有一定杀伤作用。对鱼、蜜蜂有毒。

【注意事项】

（1）应注意安全保管，远离热源、火源，避免冻结。使用时注意防护。

（2）本品对蜜蜂、禽鸟和水生动物毒性较高，不要将药液直接洒到水及水源处。

（3）对人、畜有害，使用过的器皿须用水清洗 3 次后埋掉。

（4）用于十字花科蔬菜（如白菜、甘蓝、芥菜、油菜、萝卜、芜菁等）的安全间隔期暂定为 14 天。每季使用不得超过 2 次。

（5）尽量不要和其他杀虫剂混用。

【主要制剂和生产企业】10％悬浮剂；5％微乳剂。

德国巴斯夫股份有限公司、江苏龙灯化学有限公司、广东德利生物科技有限公司等。

氟铃脲（hexaflumuron）

【作用机理分类】第 15 组
【化学结构式】

【曾用名】盖虫散、远化、创富、飞越、竞魁、卡保、博奇、包打、定打
【理化性质】原药为无色（或白色）固体。熔点：202～205 ℃，蒸气压：

0.059 毫帕（25 ℃）。溶解性（20 ℃）：水中 0.027 毫克/升（18 ℃），甲醇中 11.9 毫克/升，二甲苯中 5.2 克/升。

【毒性】低毒。大鼠急性经口 LD_{50}＞5 000 毫克/千克，急性经皮 LD_{50}＞5 000毫克/千克。对眼睛、皮肤有轻微刺激。

【防治对象】氟铃脲属酰基脲类昆虫生长调节剂类杀虫剂，比其他同类药剂杀虫谱广，击倒力强，具有很高的杀虫和杀卵活性，杀虫速度比其他同类产品迅速，可用来防治棉铃虫、甜菜夜蛾、金纹细蛾、桃蛀果蛾以及卷叶蛾、刺蛾、桃蛀螟等多种蔬菜和果树上的鳞翅目害虫。

【使用方法】

（1）蔬菜害虫　防治小菜蛾，在卵孵盛期至一、二龄幼虫盛发期，每亩用 5％乳油 40～60 克，对水 40～60 千克，即稀释 1 000～2 000 倍液均匀喷雾。药后 15～20 天效果可达 90％左右。用 3 000～4 000 倍液喷雾，药后 10 天效果在 80％以上。

防治菜青虫，在二、三龄幼虫盛发期，用 5％乳油 2 000～3 000 倍液喷雾，药后 10～15 天效果可达 90％以上。

防治豆野螟，在豇豆、菜豆开花期，卵孵盛期，每亩用 5％乳油 75～100 毫升喷雾，隔 10 天再喷 1 次，全期用药 2 次，具有良好的保荚效果。

（2）棉花害虫　防治棉铃虫，在卵孵盛期，每亩用 5％乳油 60～120 克，对水 50～60 千克，即稀释 1 000 倍左右喷雾。药后 10 天效果在 80％～90％，保蕾效果70％～80％。

防治红铃虫，在第二、第三代卵孵盛期，每亩用 5％乳油 75～100 毫升喷雾，每代用药 2 次，杀虫和保铃效果在 80％左右。

【注意事项】

（1）不要在桑园、鱼塘等地及其附近使用；防治食叶害虫应在低龄期（一、二龄）幼虫盛发期使用，钻蛀性害虫应在产卵末期至卵孵化盛期使用。

（2）该药剂无内吸性和渗透性，使用时注意喷洒均匀周到；田间作物虫、螨并发时，应加杀螨剂使用。

（3）对水生甲壳类生物毒性高，不宜在养殖虾、蟹等处使用。

（4）对水稻有药害，使用时要注意安全。

【主要制剂和生产企业】5％乳油。

河北威远生物化工股份有限公司、天津人农药业有限责任公司、浙江平湖农药厂、河南省安阳市红旗药业有限公司、陕西省西安恒田化工科技有限公司、山东中石药业有限公司、河北省石家庄市伊诺生化有限公司、海南正业中农高科股份有限公司、山东省淄博绿晶农药有限公司、江苏连云港立本农药化工有限公司、山东曹达化工有限公司、河南省春光农化有限公司等。

虱螨脲 （lufenuron）

【作用机理分类】第 15 组

【化学结构式】

【理化性质】原药为无色晶体。熔点：164～168 ℃；蒸气压：＜1.2×10^{-9}帕（25 ℃）；水中溶解度（20 ℃）＜0.006 毫克/升，其他溶剂溶解度（20 ℃，克/升）：甲醇 41、丙酮 460、甲苯 72、正己烷 0.13、正辛醇 8.9。在空气、光照下稳定，在水中 DT_{50}：32 天（pH 9）、70 天（pH 7）、160 天（pH 5）。

【毒性】低毒。原药大鼠急性经口 LD_{50}＞2 000 毫克/千克。对兔眼黏膜和皮肤无明显刺激作用。试验结果表明，在动物体外无明显的蓄积毒性，未见致癌、致畸、致突变作用。对水生甲壳动物幼体有害。对蜜蜂无毒。

【防治对象】虱螨脲对昆虫主要是胃毒作用，有一定的触杀作用，但无内吸作用，有良好的杀卵作用。能抑制昆虫几丁质合成酶的形成，干扰几丁质在表皮的沉积作用，导致昆虫不能正常蜕皮变态而死亡。该药剂具有杀虫谱广、用量少、毒性低、残留低、残效期长，并有保护天敌等特点。用于防治棉花、蔬菜上的鳞翅目和鞘翅目幼虫、柑橘上的锈螨、粉虱及蟑螂、虱子等卫生害虫。

【使用方法】

（1）蔬菜害虫 防治甜菜夜蛾、斜纹夜蛾、豆荚螟、菜青虫等，每亩用 5%乳油 30～40 毫升，对水 40～45 千克均匀喷雾。

（2）棉花害虫 防治棉铃虫、红铃虫等，每亩用 5%乳油 30～40 毫升，对水 40～45 千克均匀喷雾。

【主要制剂和生产企业】5％乳油。

瑞士先正达公司、浙江世佳科技有限公司。

灭幼脲（chlorbenzuron）

【作用机理分类】第 15 组

【化学结构式】

【曾用名】扑蛾丹、蛾杀灵、劲杀幼

【理化性质】纯品为白色结晶。熔点：199～201 ℃。不溶于水、乙醇、甲苯，在丙酮中的溶解度为 0.01 克/毫升（26 ℃），易溶于二甲基亚砜和 N，N-二甲基甲酰胺。对光和热较稳定，在中性、酸性条件下稳定，遇碱和较强的酸易分解。在常温下储存较稳定。

【毒性】**低毒**。急性经口大鼠 LD_{50} ＞20 000 毫克/千克，小鼠 LD_{50} ＞20 000毫克/千克。对兔眼睛和皮肤无明显刺激作用。对鱼类低毒。对人、畜和植物安全，对益虫和蜜蜂等膜翅目昆虫和森林鸟类几乎无害。对水生甲壳类动物有一定的毒性。

【防治对象】灭幼脲以胃毒作用为主，触杀作用次之，无内吸性。害虫取食或接触药剂后，抑制表皮几丁质的合成，使幼虫不能正常蜕皮而死亡。对鳞翅目和双翅目幼虫有特效。不杀成虫，但能使成虫不育，卵不能正常孵化。该类药剂被大面积用于防治菜青虫、甘蓝夜蛾、黏虫、玉米螟、桃树潜叶蛾、茶黑毒蛾、茶尺蠖及其他毒蛾类、夜蛾类等鳞翅目害虫。该药药效缓慢，2～3天后才能显示杀虫作用。残效期长达 15～20 天，且耐雨水冲刷，在田间降解速度慢。

【使用方法】

（1）**蔬菜害虫**　防治菜青虫，在菜青虫发生为害期，一般掌握在卵孵化盛期或一、二龄幼虫期施药。每亩用 20％悬浮剂 15～37.5 克，或 25％悬浮剂 10～20 克，对水 60～90 千克，稀释 1 500～3 000 倍液均匀喷雾。

（2）**粮食害虫**　防治谷子、小麦黏虫，每亩用 25％悬浮剂 60 克，对水

50～65 千克，稀释 500～1 000 倍液均匀喷雾。

（3）**苹果害虫** 防治苹果金纹细蛾，每亩用 25％悬浮剂 40～45 克，对水 50～80 千克，约稀释 1 000～2 000 倍液均匀喷雾。

【注意事项】

（1）本药剂为胶悬剂，有明显沉淀现象，使用时一定要摇匀后再对水稀释。

（2）不能与碱性农药混用。

（3）该药剂作用速度缓慢，施药后 3～4 天始见效果，应在卵孵盛期或低龄幼虫期施药。

（4）不要在桑园等处及其附近使用。

（5）储存在阴凉、干燥、通风处。

【主要制剂和生产企业】20％、25％悬浮剂。

吉林省通化农药化工股份有限公司、河北省化学工业研究院实验厂。

氟啶脲（chlorfluazuron）

【作用机理分类】第 15 组

【化学结构式】

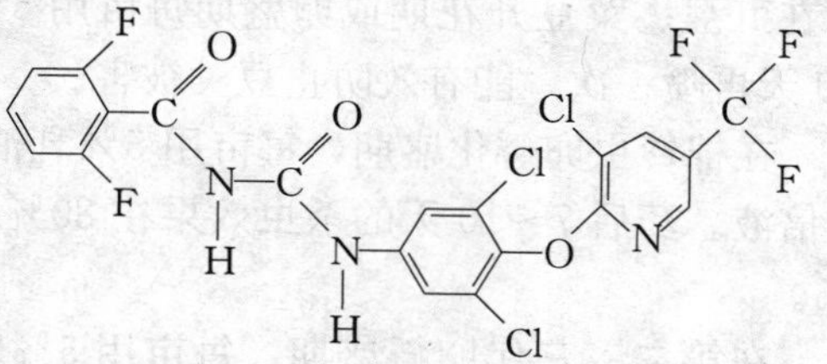

【曾用名】抑太保、啶虫隆

【理化性质】原药为白色结晶。熔点：226.5 ℃（分解）。蒸气压：<10 纳帕（20 ℃）。20 ℃时溶解度：水<0.01（毫克/升）、己烷<0.01 克/升、正辛醇 1 克/升、二甲苯 2.5 克/升、甲醇 2.5 克/升、甲苯 6.6 克/升、异丙醇 7 克/升、二氯甲烷 22 克/升、丙醇 55 克/升、环己酮 110 克/升，在光和热下稳定。

【毒性】**低毒**。原药大鼠急性经口 LD_{50}>8 500 毫克/千克，大鼠急性经皮 LD_{50}>1 000 毫克/千克。对家兔皮肤、眼睛无刺激性。

【防治对象】氟啶脲以胃毒作用为主，兼有触杀作用，无内吸性。作用机制主要是抑制昆虫几丁质的合成，使卵孵化、幼虫蜕皮及蛹的发育畸形及成虫羽化受阻而发挥杀虫作用。对害虫药效高，但作用速度较慢，一般在药后5～7天才能充分发挥效果，对多种鳞翅目害虫以及直翅目、鞘翅目、膜翅目、双翅目等害虫有很高活性，对菜青虫、小菜蛾、棉铃虫、苹果桃小食心虫及松毛虫、甜菜夜蛾、斜纹叶蛾防治效果显著，但对蚜虫、叶蝉、飞虱等刺吸式口器害虫无效。防治对有机磷类、氨基甲酸酯类、拟除虫菊酯类等其他杀虫剂已产生抗性的害虫有良好效果。对害虫天敌及有益昆虫安全。可用于棉花、甘蓝、白菜、萝卜、甜菜、大葱、茄子、西瓜等瓜类、大豆、甘蔗、茶、柑橘等作物害虫防治。持效期一般14～21天。

【使用方法】

(1) **蔬菜害虫**　防治小菜蛾，对花椰菜、甘蓝、青菜、大白菜等十字花科叶菜上的小菜蛾，在低龄幼虫为害苗期或莲座初期心叶及其生长点时，防治适期应掌握在卵孵化至一、二龄幼虫盛发期，对生长中后期或莲座后期至包心期叶菜，幼虫主要在中外部叶片为害，防治适期可掌握在二、三龄盛发期。每亩用5%乳油30～60克，对水60～90千克，即稀释2 000～3 000倍液均匀喷雾。药后15～20天的杀虫效果可达90%以上。间隔6天施药一次。

防治菜青虫，在二、三龄幼虫期，每亩用5%乳油25～50克，即稀释3 000～4 000倍液均匀喷雾。药后10～15天防效可达90%左右。

防治豆野螟，在豇豆、菜豆开花期或卵盛期每亩用5%乳油25～50毫升对水喷雾，间隔10天再喷一次。能有效防止豆荚被害。

(2) **棉花害虫**　在棉铃虫卵孵化盛期，每亩用5%乳油60～120克，约稀释为1 000～2 000倍液。药后7～10天的杀虫效果在80%～90%，保铃（蕾）效果在70%～80%。

防治棉红铃虫，在第二、三代卵孵盛期，每亩用5%乳油30～50毫升喷雾，各代喷药2次。保铃效果在70%左右，杀虫效果80%左右。应用氟啶脲防治对拟除虫菊酯类农药产生抗性的棉铃虫、红铃虫，在棉花害虫综合治理中，该药剂是较理想的农药品种之一。

(3) **果树害虫**　防治柑橘潜叶蛾，在成虫盛发期内放梢时，新梢长约1～3厘米，新叶片被害率约5%时施药。若仍有为害，每隔5～8天施药1次，一般一个梢期施2～3次，用5%乳油2 000～3 000倍液均匀喷雾。

防治苹果桃小食心虫，于产卵初期、初孵幼虫未钻蛀果前开始施药，以后每隔5～7天施药1次，共施药3～6次，用5%乳油1 000～2 000倍液或每100千克水加50%乳油50～100毫升喷雾。

（4）**茶树害虫** 防治茶尺蠖、茶毛虫，于卵始盛期施药，每亩用 5％乳油 75～120 毫升，对水 75～150 千克喷雾，即稀释为 1 000～1 500 倍液。

【注意事项】

（1）喷药时，要使药液湿润全部枝叶，才能充分发挥药效。

（2）是抑制幼虫蜕皮致使其死亡的药剂，通常幼虫死亡需要 3～5 天，所以施药适期应较一般有机磷、拟除虫菊酯类杀虫剂提早 3 天左右，在低龄幼虫期施药。对钻蛀性害虫宜在产卵高峰至卵孵化盛期施药，效果才好。

（3）有效期长，间隔 6 天施第二次药。

（4）对家蚕有毒，应避免在桑园及其附近使用。

（5）对鱼、贝类，尤其对虾等甲壳类生物有影响，因此在养鱼池附近使用应十分慎重。

（6）使用本剂时，注意正确掌握使用量、防治适期、施用方法等。特别是初次使用，应预先接受植保站等推广部门的指导。

（7）对眼睛、皮肤有刺激，使用时需注意，万一沾染，必须立即用清水冲洗眼睛，用肥皂清洗皮肤。如误服要喝 1～2 杯水，并立即送医院洗胃治疗，不要引吐。

【主要制剂和生产企业】5％乳油。

山东省济南绿霸化学品有限责任公司、上海生农生化制品有限公司、山东省青岛翰生生物科技股份有限公司、上海威敌生化（南昌）有限公司、日本石原产业株式会社等。

除虫脲（diflubenzuron）

【作用机理分类】第 15 组

【化学结构式】

【曾用名】敌灭灵、灭幼脲 1 号

【理化性质】纯品为白色结晶，原粉为白色至黄色结晶粉末。熔点：230～232℃。原药（有效成分含量 95％）外观为白色至浅黄色结晶粉末，比重：

1.56，熔点：210～230 ℃，蒸气压＜1.3×10⁻⁵帕（50 ℃）。难溶于水和大多数有机溶剂。20 ℃时在水中溶解度为 0.1 毫克/升，丙酮中 6.5 克/升，易溶于极性溶剂如乙腈、二甲基砜，也可溶于一般极性溶剂如乙酸乙酯、二氯甲烷、乙醇。在非极性溶剂中如乙醚、苯、石油醚等很少溶解。对光、热比较稳定，在酸性和中性介质中稳定，遇碱易分解，对光比较稳定，对热也比较稳定。

【毒性】低毒。原药大鼠和小鼠急性经口 LD₅₀均＞4 640 毫克/千克。兔急性经皮 LD₅₀＞2 000 毫克/千克，急性吸入 LC₅₀＞30 毫克/升。对兔眼睛有轻微刺激性，对皮肤无刺激作用。除虫脲在动物体内无明显蓄积作用，能很快代谢。在试验条件下，未见致突变、致畸和致癌作用。三代繁殖试验未见异常。两年饲喂试验无作用剂量大鼠为 40 毫克/千克，小鼠为 50 毫克/千克。除虫脲对人、畜、鱼、蜜蜂等毒性较低。原药对鲦鱼 30 天饲喂试验 LC₅₀ 0.3 毫克/升。对蜜蜂毒性很低，急性接触 LD₅₀＞30 微克/头。对鸟类毒性也低，8 天饲喂试验，野鸭、鹌鹑急性经口 LD₅₀＞4 640 毫克/千克。

【防治对象】除虫脲主要是胃毒及触杀作用，无内吸性。害虫接触药剂后，抑制昆虫几丁质合成，使幼虫在蜕皮时不能形成新表皮，虫体畸形而死亡。杀死害虫的速度比较慢。对鳞翅目害虫有特效，对部分鞘翅目和双翅目害虫也有效。在有效用量下对植物无药害，对有益生物如鸟、鱼、虾、青蛙、蜜蜂、瓢虫、步甲、蜘蛛、草蛉、赤眼蜂、蚂蚁、寄生蝇等天敌无明显不良影响。对人、畜安全，但对害虫杀死缓慢。适用于蔬菜、小麦、水稻、棉花、花生、甘蓝、柑橘、林木、苹果、梨、茶、桃等作物上黏虫、菜青虫、小菜蛾、斜纹夜蛾、稻纵卷叶螟、金纹细蛾、甜菜夜蛾、松毛虫、柑橘潜叶蛾、柑橘锈壁虱、茶黄毒蛾、茶尺蠖、美国白蛾、梨木虱、桃小食心虫、梨小食心虫、苹果锈螨、棉铃虫、红铃虫等害虫的防治。

【使用方法】

（1）蔬菜害虫 防治菜青虫、小菜蛾，在幼虫发生初期，每亩用 20%悬浮剂 10～25 克，约稀释 2 000～4 000 倍液均匀喷雾。

防治斜纹夜蛾，在产卵高峰期或孵化期，用 20%悬浮剂 400～500 毫克/千克的药液喷雾，可杀死幼虫，并有杀卵作用。

防治甜菜夜蛾，在幼虫发生初期用 20%悬浮剂 100 毫克/千克喷雾。喷洒要力争均匀、周到，否则防效差。

（2）旱粮害虫 防治小麦、玉米黏虫，施药时期在一代黏虫三、四龄期，二代黏虫卵孵盛期，三代黏虫二、三龄期，每亩用 5%乳油 30～100 克，约稀释 500～1 000 倍液；或用 25%可湿性粉剂，或 20%悬浮剂 5～20 克，按

1 000～2 000倍液喷雾。

（3）**果树害虫**　防治苹果金纹细蛾，每亩用5％乳油25～50毫克/千克，即稀释1 000～2 000倍液，或用25％可湿性粉剂125～250毫克/千克，即稀释1 000～2 000倍液。

防治柑橘潜叶蛾，每亩用20％悬浮剂，或25％可湿性粉剂2 000～4 000倍液均匀喷雾。

防治柑橘锈壁虱，用25％可湿性粉剂3 000～4 000倍液均匀喷雾。

（4）**茶树害虫**　防治茶毛虫和茶尺蠖，用5％可湿性粉剂600～800倍液，和20％悬浮剂1 500～2 000倍液均匀喷雾。

【注意事项】

（1）施药应掌握在幼虫低龄期，宜早期喷。要注意喷药质量，力求均匀，不要漏喷。取药时要摇动药瓶，药液不能与碱性物质混合。储存要避光。

（2）除虫脲人体每日允许摄入量（ADI）为0.004毫克/千克。

（3）储存时，原包装放在阴凉、干燥处。

（4）使用除虫脲应遵守一般农药安全操作规程。避免眼睛和皮肤接触药液，避免吸入药尘雾和误食。如发生中毒时，可对症治疗，无特殊解毒剂。

【主要制剂和生产企业】5％乳油；20％悬浮剂；25％、5％可湿性粉剂。

山东省德州恒东农药化工有限公司、上海生农生化制品有限公司、美国科聚亚公司、江阴苏利化学有限公司等。

灭蝇胺（cyromazine）

【作用机理分类】第17组

【化学结构式】

【曾用名】环丙氨嗪、潜克、灭蝇宝、谋道、潜闪、川生、驱蝇、网蛆

【理化性质】白色或淡黄色固体。熔点：220～222 ℃。蒸气压：＞0.13毫帕（20 ℃）。20 ℃时比重：1.35克/厘米^3。溶解性（20 ℃）：水11 000毫克/升（pH 7.5），稍溶于甲醇。310 ℃以下稳定，在pH 5～9时，水解不明显，

70 ℃以下 28 天内未观察到水解。

【毒性】**低毒**。原药雄性大鼠急性经口 LD_{50}＞4 640 毫克/千克，雌性大鼠急性经口 LD_{50} 3 160（1 860～5 380）毫克/千克。原药大鼠急性经皮 LD_{50}＞2 000 毫克/千克。对兔眼睛有轻度刺激作用，对兔皮肤无刺激作用，对豚鼠无致敏作用。实验条件下未见致癌、致畸、致突变作用。对蜜蜂、鸟类低毒。对鱼低毒，95％灭蝇胺原药对鲤鱼的 LC_{50}（96 小时）95.48 毫克/升。

【防治对象】灭蝇胺对双翅目幼虫有特殊活性，有强内吸传导作用，使双翅目幼虫和蛹在形态上发生畸变，成虫羽化不完全或受抑制。用于防治黄瓜、茄子、四季豆、叶菜类和花卉上的美洲斑潜蝇。防治斑潜蝇幼虫适期为斑潜蝇产卵盛期至幼虫孵化初期，一、二龄期，防治成虫以上午 8 时施药为宜。

【使用方法】

（1）**防治黄瓜和菜豆斑潜蝇**　在斑潜蝇发生初期，当叶片被害率（潜道）达 5％时进行防治，应掌握在幼虫潜入为害初期效果更好。用 10％悬浮剂 600～800 倍液，或 20％可溶性粉剂 1 000～2 000 倍液，或 30％可溶性粉剂 2 000～3 000 倍液，或 50％可溶性粉剂、水溶性粉剂 3 000～5 000 倍液，或 70％可湿性粉剂 5 000～7 000 倍液，或 75％可湿性粉剂 6 000～8 000 倍液均匀喷雾。对潜叶蝇有良好防效。根据斑潜蝇发生情况可在 7～10 天后第二次喷药，一般年份一个盛发期内防治 2 次，重发生时防治 3 次。

（2）**防治韭菜韭蛆**　在韭蛆发生季节，每亩用 1.5％颗粒剂 100～800 克进行沟施和穴施，可达到较好的控制效果。

【注意事项】

（1）该药剂对幼虫防效好，对成蝇效果较差，要掌握在初发期使用，保证喷雾质量。

（2）斑潜蝇的防治适期以低龄幼虫始发期为好，如果卵孵化不整齐，用药时间可适当提前，7～10 天后再次喷药，喷药务必均匀周到。

（3）不能与强酸性物质混合使用。

（4）对皮肤有轻微刺激，使用时注意安全防护。施药后及时用肥皂清洗手、脸部。

（5）储存于阴凉、干燥、避光处，远离儿童，勿与食品、饲料混放。

【主要制剂和生产企业】10％悬浮剂；75％、70％、50％可湿性粉剂；75％、50％、30％、20％可溶性粉剂；1.5％颗粒剂。

浙江禾益农化有限公司、辽宁省沈阳化工研究院试验厂、浙江省温州农药厂、瑞士先正达作物保护有限公司等。

唑虫酰胺（tolfenpyrad）

【作用机理分类】第 21A 组
【化学结构式】

【理化性质】原药（有效成分含量 98%）外观为白色粉末，比重：1.18，熔点：87.8～88.2℃，蒸气压＜$5×10^{-7}$帕（25℃）。难溶于水，25℃时在水中溶解度为 0.087 毫克/升，正己烷中 7.41 克/升，甲苯中 366 克/升，甲醇中 59.6 克/升。油水分配系数（正辛醇/水）（25℃）：5.61。

【毒性】中等毒。原药大鼠急性经口 LD_{50}：386 毫克/千克（雄）。大鼠急性经皮 LD_{50}＞2 000 毫克/千克，急性吸入 LC_{50} 2.21 毫克/升（雄）。对兔眼睛有中等刺激性，对皮肤有中等刺激作用。无致突变、致畸和致癌作用。原药对鲤鱼急性毒性 LC_{50} 0.002 9 毫克/升（96 小时）。对鹌鹑急性经口 LD_{50} 83 毫克/千克。

【防治对象】唑虫酰胺主要是触杀作用，无内吸性。害虫接触药剂后，阻碍细胞内线粒体的电子传递，导致细胞无法产生能量，进而引起害虫活动缓慢，取食困难，饿死。对小型鳞翅目害虫（小菜蛾等），半翅目害虫（蚜虫、粉虱），鞘翅目害虫（黄曲条跳甲），缨翅目害虫（蓟马类），双翅目害虫（潜叶蝇），螨类（茶黄螨、锈螨）有效。同时，对葱锈病，黄瓜、西瓜白粉病也有效。适用于果树（苹果、梨、桃）、蔬菜（甘蓝、黄瓜、番茄、茄子、辣椒、葱等）、茶、棉花、花卉等植物上的害虫防治。

【使用方法】防治小菜蛾，在幼虫发生初期，每亩用 15% 乳油 30～50 毫升，均匀喷雾。

防治蔬菜蓟马，在幼虫发生初期，每亩用 15% 乳油 50～80 毫升，均匀喷雾。

【对天敌和有益生物的影响】唑虫酰胺对有益蜂、有益螨有一定的影响，在养蚕地区使用时务必慎重。对水生动物毒性较高。

【注意事项】

（1）施药应掌握在幼虫低龄期，宜早期喷。要注意喷药质量，力求均匀，不要漏喷。

（2）储存时，原包装放在阴凉、干燥处。

（3）使用唑虫酰胺应遵守一般农药安全操作规程。避免眼睛和皮肤接触药液，避免吸入药尘雾和误食。

（4）唑虫酰胺对水生生物毒性大，鱼塘、河流附近切勿使用。

【主要制剂和生产企业】 15％乳油。

日本农药株式会社。

鱼藤酮（rotenone）

【作用机理分类】 第21B组

【化学结构式】

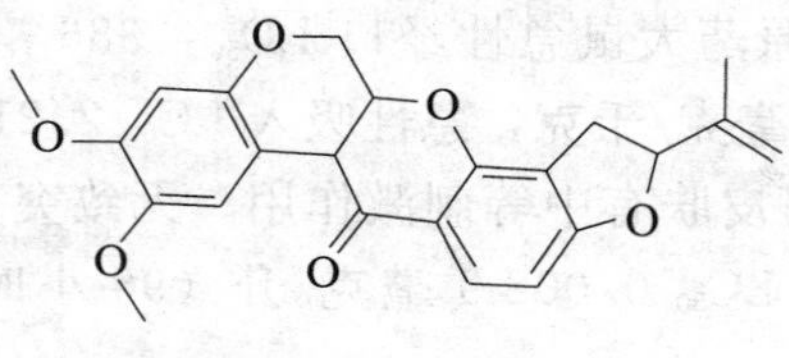

【曾用名】 施绿宝、宝环一号、绿易、欧美德

【理化性质】 晶体外观为无色斜方片状结晶。密度：1.55克/厘米^3；熔点：165～166℃；沸点：210(0.067千帕)；不溶于水，溶于醇、丙酮、氯仿、四氯化碳、乙醚。

【毒性】 中等毒。兔急性经皮LD$_{50}$ 132～150毫克/千克。由于其易分解，在空气中易氧化，施用后在作物上的残留时间短，对环境无污染，对天敌也比较安全，害虫不易产生抗药性，因此被广泛用于防治各种作物上的害虫。

【防治对象】 鱼藤酮杀虫谱广，能有效防治蔬菜等多种作物上的鳞翅目、半翅目、鞘翅目、双翅目、膜翅目、缨翅目、蜱螨亚目等多种害虫和害螨，对蚜虫有特效。

【使用方法】 防治菜青虫，2.5％乳油500倍液，于菜青虫低龄幼虫期施药。

防治柑橘蚜虫，2.5％乳油300倍液，于柑橘蚜虫若虫始盛期喷雾。

【对天敌和有益生物的影响】 鱼藤酮对蚜茧蜂有一定的杀伤作用。对鱼和家蚕高毒。

【注意事项】本品遇光、空气、水和碱性物质会加速降解，失去药效，不宜与碱性农药混用。药液要随配随用，防止久放失效。对家畜、鱼和家蚕高毒，施药时应避免药液飘移到附近水池、桑树上。

【主要制剂和生产企业】2.5％鱼藤酮乳油。

广州农药厂从化市分厂。

螺虫乙酯（spirotetramat）

【作用机理分类】第23组

【化学结构式】

【曾用名】亩旺特

【理化性质】纯品外观为无特殊气味的浅米色粉末；分解温度：235 ℃；熔点：142 ℃；蒸气压（25 ℃）：$1.5×10^{-8}$帕；溶解度（20 ℃）：水中33.4毫克/升（pH 6.0～6.3），有机溶剂中（克/升）：正己烷中0.055，乙醇中44，甲苯中60，乙酸乙酯中67，丙酮中100～120，二甲基亚砜中200～300，二氯甲烷中＞600；正辛醇/水分配系数（20 ℃，pH 7）：＝2.51。

【毒性】低毒。大白鼠急性经口 LD_{50}＞2 000 毫克/千克；大鼠急性经皮 LD_{50}＞2 000 毫克/千克。大鼠急性吸入毒性（固态气溶胶）＞4 183 毫克/米³，为低毒。无皮肤刺激性，有轻微的眼刺激性，具有一定的皮肤致敏性。螺虫乙酯亚急性/亚慢性经口和经皮毒性均为低毒。对雄性和雌性大鼠给药，在测试的最高剂量1 022 毫克/（千克·天）（雄性）和1 319 毫克/（千克·天）（雌性）的情况下，没有发现任何致癌性。对大鼠多个世代的研究以及对大鼠、兔发育的研究也排除了螺虫乙酯具有生殖毒性或致畸性的可能。观察螺虫乙酯高剂量下对雄性大鼠的生殖功能和表现的影响（对精子细胞产生致畸作用的最小有害作用剂量为487 毫克/千克），结果都表明螺虫乙酯对人类生殖无害。对大鼠和兔的发育研究表明，螺虫乙酯也不具有潜在的致畸性。对螺虫乙酯进行一系列标准的遗传毒性检测表明，人类暴露在螺虫乙酯下不会产生致畸或遗传毒性。对大鼠进行精确的神经毒性扫描测定，螺虫乙酯没有表现出任何引起神经毒性的可能。

螺虫乙酯对鱼类低毒。对水蚤的急性和慢性毒性为低到中等毒，对藻类没有任何影响。对鸟类的急性经口毒性和饲喂毒性均为低毒。在最大田间推荐用量下，对采蜜的蜜蜂不存在不可接受的风险。

【防治对象】螺虫乙酯可以用于防治多种作物的多种害虫，如草莓、叶菜、果菜、根菜、菠萝、芒果、木瓜、香蕉、棉花、大豆、柑橘、葡萄及核果类、仁果类果树等，防治蚜虫、介壳虫、粉蚧、木虱、白粉虱、蓟马以及红蜘蛛等。

【使用方法】防治番茄烟粉虱，有效成分浓度 300～450 克/公顷（螺虫乙酯 240 克/升悬浮剂 20～30 毫升/亩）混用其同等体积的助剂哈速腾（Hasten），于烟粉虱成虫发生初期全株均匀喷雾。

防治柑橘介壳虫，有效成分浓度 48～60 毫克/千克（螺虫乙酯 240 克/升悬浮剂 4 000～5 000 倍稀释液）混用其 1.5 倍体积的助剂哈速腾，于介壳虫卵孵盛期对柑橘叶片喷雾。

【注意事项】

（1）螺虫乙酯对成虫一般无直接杀伤作用，建议在害虫种群尚未建立时施药，如果施药时害虫种群已经较大，建议和速效性好的杀虫剂混用。

（2）确保将本品喷施在植物叶片上，且作物处于生长旺盛时期。

（3）螺虫乙酯 240 克/升悬浮剂在使用时必须与推荐的助剂混用。如果混用其他助剂或杀虫、杀菌剂，建议在使用前进行安全性和防效试验。

（4）螺虫乙酯在柑橘上的安全间隔期为 40 天，每个生长季最多施用 1 次；在番茄上安全间隔期 5 天，每个生长季最多施用 1 次。

（5）螺虫乙酯原药低毒，但在配制和施用时，应穿防护服、戴手套和口罩；严禁吸烟和饮食。避免误食或溅到皮肤、眼睛等处。如不慎溅入眼睛，应立即用大量清水冲洗。药后用肥皂和足量清水冲洗手部、面部和其他身体裸露部位以及受药剂污染的衣物等。

【主要制剂和生产企业】240 克/升悬浮剂。

拜耳作物科学公司。

氟虫双酰胺（flubendiamide）

【作用机理分类】第 28 组

【化学结构式】

【曾用名】NNI－001

【理化性质】原药外观为白色结晶粉末，无特殊气味。制剂外观为褐色水分散粒剂。蒸气压（25 ℃）$3.7×10^{-7}$帕。沸点：由于热分解不能测定。熔点：217.5～220.7 ℃（99.6%），熔化的纯品放热分解温度名义上为 255～260 ℃。无爆炸危险，不具自燃性，不具氧化性。相对密度：1.659 克/厘米^3（20 ℃），在 pH 4.0～9.0 范围内及相应的环境温度下几乎没有水解。溶解度：水中29.9±2.87 微克/升（20 ℃），有机溶剂中（克/升，20 ℃）：正庚烷中 8.35×10^{-4}，二甲苯中 0.488，二氯乙烷中 8.12，丙酮中 102。

【毒性】**低毒**。急性经口 LD_{50}（大鼠）＞2 000 毫克/千克，经皮 LD_{50}（大鼠）＞2 000 毫克/千克，急性吸入 LC_{50} 68.5 毫克/米^3。对白兔眼睛有轻度刺激性，皮肤无刺激性；豚鼠皮肤致敏试验结果为无致敏性；大鼠 90 天亚慢性喂养毒性试验最大无作用剂量：雄性大鼠为 1 026 毫克/千克，雌性大鼠为 296.1毫克/千克；4 项致突变试验：污染物致突变性检测试验、小鼠骨髓细胞微核试验、人体外周血淋巴细胞染色体畸变试验、体外哺乳动物细胞染色体畸变试验结果均为阴性，未见致突变作用。

【防治对象】氟虫双酰胺对多种鳞翅目害虫有效，防治甘蓝、生菜、白菜、苹果、梨、桃、茶叶、大豆、萝卜、葱、番茄、草莓等作物上的小菜蛾、斜纹夜蛾、甜菜夜蛾、甘蓝夜蛾、卷叶虫、潜夜蛾，食心虫、刺蛾、大造桥虫、菜螟虫等。

【使用方法】防治蔬菜甜菜夜蛾，用量为有效成分 1.8 克/亩（例如 20％可分散粒剂 15 克/亩）于甜菜夜蛾始盛发期，大部分幼虫处于二龄以下时均匀喷雾。

防治蔬菜小菜蛾，用量为有效成分 3 克/亩（例如 20％可分散粒剂 15 克/亩）于小菜蛾卵孵盛期至二龄幼虫期喷雾。

【注意事项】

（1）本剂用量低，配制药液时请采用二次稀释法。先在喷雾器中加水至 1/4～1/2，再将该药倒入已盛有少量水的另一容器中，并冲洗药袋，然后搅拌均匀成母液。将母液倒入喷雾器中，加够水量并搅拌均匀。

（2）与其他不同作用机理的杀虫剂交替使用，每季作物使用本药不要超过 2 次。

（3）不宜与碱性农药和未确认效果的药物混用。

（4）对蚕有毒，不要在桑树上或其周围用药，避免造成危害。

（5）如误服，请先喝大量干净的水，然后携带药剂商品标签就医，请医生根据病情诊治。

【主要制剂和生产企业】20％氟虫双酰胺水分散粒剂。

日本农药株式会社。

印楝素（azadirachtin）

【作用机理分类】

【化学结构式】

【理化性质】纯品为白色非结晶物质微晶或粉状。熔点154～158℃。旋光度 $[\alpha]_D = -65.4°(c=0.2)$，氯仿。对光热不稳定。易溶于甲醇、乙醇、丙酮、二甲亚砜等极性有机溶剂。

【毒性】低毒。对人、畜、鸟类和蜜蜂安全，不影响捕食性及寄生性天敌，环境中很容易降解。

【防治对象】印楝素是一类从印楝（*Azadirachta indica*）中分离提取出来的活性最强的化合物，属于四环三萜类。印楝素可以分为印楝素－A，－B，－C，－D，－E，－F，－G，－I共8种，印楝素－A就是通常所指的印楝素。主要分布在种核中，其次在叶子中。作用机制特殊，具有拒食、忌避、触杀、胃毒、内吸和抑制昆虫生长发育的作用，被国际上公认为最重要的昆虫拒食剂。结构类似昆虫的蜕皮激素，是昆虫体内蜕皮激素的抑制剂，降低蜕皮激素等激素的释放量；也可以直接破坏表皮结构或阻止表皮几丁质的合成，或干扰呼吸代谢，影响生殖系统发育等。具体作用为破坏或干扰卵、幼虫或蛹的生长发育；阻止若虫或幼虫的蜕皮；改变昆虫的交尾及性行为；对若虫、幼虫及成虫有拒食作用；阻止成虫产卵及破坏卵巢发育；使成虫不育。高效、广谱、无污染、无残留、不易产生抗药性、对人畜等温血动物无害及对害虫天敌安全。可防治10目400余种农林、仓储和卫生害虫。应用印楝素杀虫剂可有效地防治棉铃虫、松毛虫、舞毒蛾、日本金龟甲、烟芽夜蛾、谷实夜蛾、斜纹夜蛾、小菜蛾、潜叶蝇、草地夜蛾、沙漠蝗、非洲飞蝗、玉米螟、褐飞虱、蓟马、钻背虫、果蝇等害虫，可以广泛用于粮食、棉花、林木、花卉、瓜果、蔬菜、烟草、茶叶、咖啡等作物，不会使害虫对其产生抗药性。印楝素有良好的内吸传导特性。制剂施于土壤，可被棉花、水稻、玉米、小麦、蚕豆等作物根系吸收，输送到茎叶，从而使整株植物具有抗虫性。

【使用方法】

（1）**蔬菜害虫** 防治小菜蛾在小菜蛾发生为害期，于一、二龄幼虫盛发期及时施药，每亩可用0.7%印楝素乳油60～80毫升，或每亩用0.5%印楝素乳油125～150毫升，或每亩用0.3%印楝素乳油300～500毫升对水均匀喷雾。防治菜青虫，在一、二龄幼虫盛发期及时施药，每亩可用0.7%印楝素乳油40～60毫升，或每亩用0.3%印楝素乳油90～140毫升对水均匀喷雾。防治蔬菜蚜虫，在发生期，每亩可用0.5%印楝素乳油40～60毫升对水均匀喷雾。

（2）**茶树害虫** 防治茶尺蠖，一、二龄幼虫盛发期及时施药，每亩可用0.7%印楝素乳油40～50毫升对水均匀喷雾。

（3）**烟草害虫** 防治烟青虫，一、二龄幼虫盛发期及时施药，每亩可用0.7%印楝素乳油50～60毫升对水均匀喷雾。

【注意事项】

（1）不宜与碱性农药混用。

（2）作用速度较慢，要掌握施药适期，不要随意加大用药量。

（3）在清晨或傍晚施药。

【主要制剂和生产企业】0.7%、0.6%、0.5%、0.32%、0.3%乳油。

九康生物科技发展有限责任公司、云南中科生物产业有限公司、云南建元生物开发有限公司、河南鹤壁陶英陶生物科技有限公司、德国特立福利公司等。

苦参碱（matrine）

【作用机理分类】

【化学结构式】

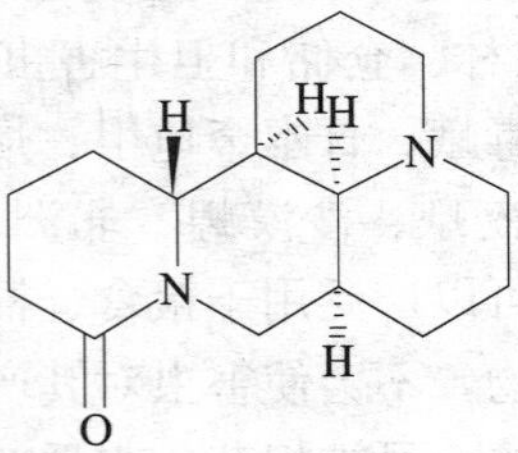

【曾用名】绿潮、源本、杀确爽、绿宇、卫园、京绿、绿美、全卫、百草一号、绿诺

【理化性质】纯品为白色针状结晶或结晶状粉末，无臭，味苦，久露置空气中，可成微吸潮性或变淡黄色油状物，遇热颜色变黄且变为油状物，在室温下放置又固化。本品在乙醇、氯仿、甲苯、苯中极易溶解，在丙酮中易溶，在水中溶解，在石油醚、热水中略溶。

【毒性】低毒。LD$_{50}$小鼠腹腔注射为150毫克/千克，大鼠腹腔注射125毫克/千克。无致突变作用，无胚胎毒性，无致畸作用，有弱蓄积性。

【防治对象】苦参碱属广谱性植物杀虫剂，是由中草药植物苦参（*Sophora flavescens*）的根、茎、叶、果实经乙醇等有机溶剂提取制成的一种生物碱。害虫接触药剂后可使神经中枢麻痹，蛋白质凝固堵塞气孔窒息而死。对人、畜低毒，具触杀和胃毒作用，对各种作物上的菜青虫、蚜虫、红蜘蛛等有明显防治效果，也可防治地下害虫。

【使用方法】

（1）蔬菜害虫　防治菜青虫，在成虫产卵高峰后 7 天左右，幼虫处于三龄以前进行；防治蚜虫，在蚜虫发生期进行，可用 0.2％、0.26％、0.3％、0.36％和 0.5％水剂，0.38％和 1％可溶性液剂，0.38％乳油，分别稀释300～500 倍液喷雾。持效期 7 天左右。本品对低龄幼虫效果好，对菜青虫四龄以上幼虫效果差。

（2）小麦地下害虫　可用土壤处理及拌种两种方法。拌种处理，种子先用适量水润湿，以种皮湿润为宜，每 100 千克种子用 1.1％粉剂 4～4.67 千克，搅拌均匀，堆闷 2～4 小时后方可下种；做土壤处理，每亩用 1.1％粉剂 2～2.5 千克，撒施或条施均可，用于防治小麦田地老虎、蛴螬、金针虫等地下害虫。

（3）棉花害虫　在 6 月上旬棉红蜘蛛第一次发生高峰前，棉苗有红蜘蛛率为 7％～17％时进行防治，每亩用 0.2％水剂 250～750 克，对水 75 千克，均匀喷雾，即稀释 100～300 倍液。喷药注意均匀周到，药液务必接触虫体。持效期 15～20 天。

（4）果树害虫　在苹果开花后，红蜘蛛越冬卵开始孵化至孵化结束期间是防治适期。用 0.2％水剂 100～300 倍液喷雾，以整株树叶喷湿为宜。

（5）谷子害虫　在黏虫低龄幼虫期（二、三龄为主）施药，每亩用 0.3％水剂 150～250 克，对水 50 千克，即稀释 200～300 倍液均匀喷雾。

（6）茶树害虫　茶尺蠖幼虫处于三龄以前，每亩用 0.5％水剂或 0.38％乳油 50～70 毫升，对水均匀喷雾。

【注意事项】

（1）喷药后不久降雨需再喷一次。

（2）严禁与碱性农药混合使用。

（3）储存在避光、阴凉、通风处，避免在高温和烈日条件下存放。

【主要制剂和生产企业】2.5％、0.38％、0.3％乳油；0.5％、0.36％、0.3％、0.26％、0.2％水剂；1％、0.38％、0.36％可溶性液剂；1.1％、0.38％粉剂。

赤峰中农大生化科技有限责任公司、江苏省南通神雨绿色药业有限公司、北京富力特农业科技有限责任公司、天津开发区绿禾植物制剂有限公司等。

二、蔬菜杀虫剂作用机理分类表

主要组和主要 作用位点	化学结构亚组和 代表性有效成分	举　例
1. 乙酰胆碱酯酶抑制剂	1A 氨基甲酸酯	抗蚜威、异丙威、硫双威
	1B 有机磷	毒死蜱、辛硫磷、敌敌畏、敌百虫、乙酰甲胺磷、哒嗪硫磷、三唑磷、马拉硫磷、倍硫磷、丙溴磷
3. 钠离子通道调节剂	3A 拟除虫菊酯类杀虫剂 天然除虫菊酯	溴氰菊酯、氰戊菊酯、高效氯氰菊酯、氟氯氰菊酯、联苯菊酯、高效氯氟氰菊酯、甲氰菊酯、醚菊酯、氟氯氰菊酯、除虫菊素
4. 烟碱乙酰胆碱受体促进剂	4A 新烟碱类	啶虫脒、吡虫啉、噻虫嗪
5. 烟碱乙酰胆碱受体的变构拮抗剂	多杀菌素类杀虫剂	多杀菌素、乙基多杀菌素
6. 氯离子通道激活剂	阿维菌素、弥拜霉素类	阿维菌素、甲氨基阿维菌素苯甲酸盐
11. 昆虫中肠膜微生物干扰剂 （包括表达 Bt 毒素的转基因植物）	苏云金芽孢杆菌或球形芽孢杆菌和它们产生的杀虫蛋白	苏云金杆菌
12. 线粒体 ATP 合成酶抑制剂	12A 丁醚脲	丁醚脲
13. 氧化磷酸化解偶联剂	虫螨腈	虫螨腈
14. 烟碱乙酰胆碱受体通道拮抗剂	沙蚕毒素类似物	杀虫单、杀螟丹
15. 几丁质生物合成抑制剂，0 类型，鳞翅目昆虫	几丁质合成抑制杀虫剂	氟啶脲、除虫脲、氟铃脲、灭幼脲、虱螨脲
17. 蜕皮干扰剂，双翅目昆虫	灭蝇胺	灭蝇胺

（续）

主要组和主要 作用位点	化学结构亚组和 代表性有效成分	举　例
18. 蜕皮激素促进剂	虫酰肼类	虫酰肼、甲氧虫酰肼
21. 线粒体复合物Ⅰ电子传递抑制剂	21A METI 杀虫剂和杀螨剂	唑虫酰胺
	21B 鱼藤酮	鱼藤酮
22. 电压依赖钠离子通道阻滞剂	22A 茚虫威	茚虫威
	22B 氰氟虫腙	氰氟虫腙
23. 乙酰辅酶 A 羧化酶抑制剂	季酮酸类及其衍生物	螺虫乙酯
28. 鱼尼丁受体调节剂	脂肪酰胺类	氯虫苯甲酰胺、氟虫双酰胺
"UN" 作用机理未知或不确定的化合物	印棟素	印棟素、苦参碱

三、蔬菜害虫轮换用药防治方案

（一）北方蔬菜害虫轮换用药防治方案

防治粉虱：

第一次用药可选用第 4 组杀虫剂啶虫脒、吡虫啉等，第 6 组杀虫剂阿维菌素、甲氨基阿维菌素苯甲酸盐。

第二次用药可选用第 23 组杀虫剂螺虫乙酯（防治若虫与卵）、第 3 组杀虫剂联苯菊酯等。

此后，根据防治的需要，依次重复以上药剂。当粉虱对某组杀虫剂出现明显抗性时应停止使用。

防治斑潜蝇：

第一次用药可选用第 6 组杀虫剂阿维菌素、第 3 组杀虫剂高效氯氰菊酯等。

第二次用药可选用第 13 组杀虫剂虫螨腈、第 14 组杀虫剂杀虫双等。

第三次用药可选用第 17 组杀虫剂灭蝇胺、印楝素（未分类）。

此后，根据防治的需要，依次重复以上药剂。当斑潜蝇对某组杀虫剂出现明显抗性时应停止使用。

防治蓟马：

第一次用药可选用第 4 组杀虫剂吡虫啉、啶虫脒、噻虫嗪等，第 14 组杀虫剂杀虫单等。

第二次用药可选用第 5 组杀虫剂乙基多杀菌，第 6 组杀虫剂阿维菌素、甲氨基阿维菌素苯甲酸盐。

第三次用药可选用第 13 组杀虫剂虫螨腈。

此后，根据防治的需要，依次重复以上药剂。当蓟马对某组杀虫剂出现明显抗性时应停止使用。

防治叶螨：

第一次用药可选用第 6 组杀虫剂阿维菌素、甲氨基阿维菌素苯甲酸盐，第 23 组杀虫剂螺虫乙酯。

第二次用药可选用第 13 组杀虫剂虫螨腈、第 15 组杀虫剂虱螨脲。

第三次用药可选用印楝素、苦参碱（未分类）。

此后，根据防治的需要，依次重复以上药剂。当叶螨对某组杀虫剂出现明显抗性时应停止使用。

防治小菜蛾：

第一次用药可选用第 11 组杀虫剂苏云金杆菌、第 6 组杀虫剂阿维菌素、甲氨基阿维菌素苯甲酸盐。

第二次用药可选用第 13 组杀虫剂虫螨腈、第 18 组杀虫剂虫酰肼。

第三次用药可选用第 5 组杀虫剂多杀菌素、乙基多杀菌素，第 12 组杀虫剂丁醚脲。

第四次用药可选用第 28 组杀虫剂氯虫苯甲酰胺、氟虫双酰胺，第 22A 组杀虫剂茚虫威。

第五次用药可选用第 15 组杀虫剂氟啶脲、第 22B 组杀虫剂氰氟虫腙。

此后，根据防治的需要，依次重复以上药剂。当小菜蛾对某组杀虫剂出现明显抗性时应停止使用。

防治菜青虫：

第一次用药可选用第 11 组杀虫剂苏云金杆菌、第 3 组杀虫剂溴氰菊酯等。

第二次用药可选用第 6 组杀虫剂阿维菌素、甲氨基阿维菌素苯甲酸盐，第

15 组杀虫剂氟啶脲等。

如果与小菜蛾同时发生，防治小菜蛾时可同时兼治菜青虫。此后，根据虫害防治的需要，依次重复以上用药。当菜青虫对某组杀虫剂出现明显抗性时应停止使用。

防治甜菜夜蛾等夜蛾类害虫：

第一次用药可选用第 6 组杀虫剂阿维菌素、甲氨基阿维菌素苯甲酸盐，第 13 组杀虫剂虫螨腈。

第二次用药可选用第 18 组杀虫剂虫酰肼，第 28 组杀虫剂氯虫苯甲酰胺、氟虫双酰胺。

第三次用药可选用第 15 组杀虫剂氟啶脲、第 22A 组杀虫剂茚虫威。

第四次用药可选用杀虫剂核型多角体病毒、第 22B 组杀虫剂氰氟虫腙。

此后，根据虫害防治的需要，依次重复以上药剂。当甜菜夜蛾、斜纹夜蛾对某组杀虫剂出现明显抗性时应停止使用。

防治蚜虫：

第一次用药可选用第 4 组杀虫剂啶虫脒、吡虫啉等，第 6 组杀虫剂阿维菌素。

第二次用药可选用第 1B 组杀虫剂敌敌畏、第 3 组杀虫剂高效氯氰菊酯等。

第三次用药可选用苦参碱、印楝素（未分类）。

此后，根据虫害防治的需要，依次重复以上药剂。当蚜虫对某组药剂出现明显抗性时应停止使用。

（二）南方蔬菜害虫轮换用药防治方案

防治小菜蛾：

第一次用药可选用第 13 组杀虫剂虫螨腈、第 12 组杀虫剂丁醚脲。

第二次用药可选用第 28 组杀虫剂氯虫苯甲酰胺、氟虫双酰胺，第 6 组的甲氨基阿维菌素苯甲酸盐。

第三次用药可选用第 22 组杀虫剂氰氟虫腙，第 15 组杀虫剂氟啶脲、除虫脲。

第四次用药可选用第 5 组杀虫剂多杀菌素、乙基多杀菌素，第 11 组杀虫剂苏云金杆菌。

此后，根据防治的需要，依次重复以上药剂。当小菜蛾对某组杀虫剂出现明显抗性时应停止使用。

防治菜青虫：

第一次用药可选用第 11 组杀虫剂苏云金杆菌，第 6 组杀虫剂阿维菌素、甲氨基阿维菌素苯甲酸盐。

第二次用药可选用第 15 组杀虫剂氟啶脲、第 13 组杀虫剂虫螨腈。

第三次用药可选用第 3 组杀虫剂溴氰菊酯、第 21B 组杀虫剂鱼藤酮。

第四次用药可选用植物源杀虫剂印楝素或第 1B 组杀虫剂毒死蜱等。

此后，根据防治的需要，依次重复以上药剂。当与小菜蛾等害虫混合发生时，防治小菜蛾等的药剂可同时兼治菜青虫。

防治甜菜夜蛾等夜蛾类害虫：

第一次用药可选用第 6 组杀虫剂阿维菌素、甲氨基阿维菌素苯甲酸盐，第 13 组杀虫剂虫螨腈。

第二次用药可选用第 18 组杀虫剂虫酰肼、第 15 组杀虫剂氟啶脲。

第三次用药可选用第 28 组杀虫剂氯虫苯甲酰胺、氟虫双酰胺，第 3 组杀虫剂高效氯氟氰菊酯等。

第四次用药可选用第 22A 组杀虫剂茚虫威、第 22B 组杀虫剂氰氟虫腙，或者微生物杀虫剂核型多角体病毒。

此后，根据虫害防治的需要，依次重复以上药剂。当甜菜夜蛾、斜纹夜蛾对某组杀虫剂出现明显抗性时应停止使用。

防治蓟马：

第一次用药可选用第 4 组杀虫剂吡虫啉、啶虫脒、噻虫嗪等。

第二次用药可选用第 5 组杀虫剂乙基多杀菌素、第 13 组杀虫剂虫螨腈。

第三次用药可选用第 3 组杀虫剂溴氰菊酯、高效氟氯氰菊酯等。

此后，根据虫害防治的需要，依次重复以上药剂。当蓟马对某组杀虫剂出现明显抗性时应停止使用。

防治黄曲条跳甲：

第一次用药可选用第 1B 组杀虫剂敌敌畏、马拉硫磷，第 4 组杀虫剂噻虫嗪等。

第二次用药可选用第 3 组杀虫剂溴氰菊酯等，第 14 组杀虫剂杀螟丹、杀虫双。

第三次用药可选用第 21B 组杀虫剂鱼藤酮。

此后，根据虫害防治的需要，依次重复以上药剂。当黄曲条跳甲对某组杀虫剂出现明显抗性时应停止使用。

防治粉虱：

第一次用药可选用第 4 组杀虫剂啶虫脒等，第 6 组杀虫剂阿维菌素、甲氨基阿维菌素苯甲酸盐。

第二次用药可选用第 23 组杀虫剂螺虫乙酯（防治若虫与卵）、第 3 组杀虫剂联苯菊酯等。

此后，根据虫害防治的需要，依次重复以上药剂。当粉虱对某组杀虫剂出现明显抗性时应停止使用。

第四章

小麦害虫轮换用药防治方案

一、小麦杀虫剂重点产品介绍

抗蚜威（pirimicarb）

【作用机理分类】第1组（1A）

【化学结构式】

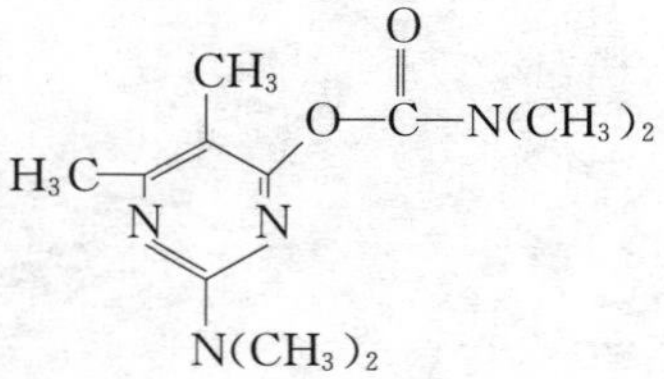

【曾用名】辟蚜雾、PP062

【理化性质】原药为白色无臭结晶体。熔点：90.5 ℃。蒸气压：4×10^{-3}帕（30 ℃）。能溶于醇、酮、酯、芳烃、氯化烃等多种有机溶剂；甲醇0.23克/毫升，乙醇0.25克/毫升，丙酮0.40克/毫升；难溶于水（0.002 7克/毫升）。遇强酸、强碱或紫外光照射易分解。在一般条件下储存较稳定，对一般金属设备不腐蚀。

【毒性】**中等毒**。大白鼠急性经口 LD_{50} 68～147 毫克/千克；小鼠为107毫克/千克。大白鼠急性经皮 $LD_{50} > 500$ 毫克/千克。无慢性毒性，2 年慢性毒性试验结果表明，大鼠无作用剂量为12.5 毫克/（千克·天），犬为1.8毫克/（千克·天）。在试验剂量范围内，对动物无致畸、致癌、致突变作用。在 3 代繁殖和神经毒性试验中未见异常情况。对眼睛和皮肤无刺激作用。对鱼类低毒，多种鱼类 LC_{50} 32～36 毫克/升。对蜜蜂和鸟类低毒。对蚜虫天敌安全。

【防治对象】抗蚜威具有触杀、熏蒸和叶面渗透作用，能防治除棉蚜外的所有蚜虫。作用速度快，残效期短，对食蚜蝇、蚜茧蜂、瓢虫等蚜虫天敌无不良影响，是害虫综合防治的理想药剂，适用于防治蔬菜、烟草、粮食作物上的蚜虫。

【使用方法】防治小麦蚜虫，使用剂量为有效成分 5.0～7.5 克/亩，在小麦苗蚜或穗蚜始盛期喷雾施药。

防治大豆蚜虫，可用有效成分 10 克/亩，在蚜虫发生始盛期喷雾施药。

防治桃树蚜虫，可用有效成分浓度 250 毫克/千克（例如 50％可湿性粉 2 000 倍液）于蚜虫始发生盛期喷雾。

【注意事项】

（1）见光易分解，应避光保存。本品应用金属容器盛装。其药液不宜在阳光下直晒，应现配现用。

（2）该药剂可与多种杀虫剂、杀菌剂混用。

（3）在 20 ℃以上时才有熏蒸作用，15 ℃以下时只有触杀作用，15～20 ℃之间，熏蒸作用随温度上升而增加。因此，在低温时喷雾要均匀，否则影响防治效果。

（4）对棉蚜基本无效，不宜使用。

（5）同一作物一季内最多使用 3 次，间隔期为 10 天；水果采收前 7～10 天停用。

（6）中毒后可用阿托品 0.5～2 毫克口服或肌肉注射，重者加用肾上腺素。禁用解磷定、氯磷定、双复磷、吗啡。

【主要制剂和生产企业】5％可溶性液剂；25％、50％可湿性粉剂；50％、25％水分散粒剂；9％微乳剂。

江苏省无锡瑞泽农药有限公司、山东邹平农药有限公司、江苏龙灯化学有限公司、江苏省江阴凯江农化有限公司等。

敌敌畏（dichlorvos）

【作用机理分类】第 1 组（1B）

【化学结构式】

【曾用名】DDVP

【理化性质】纯品为无色至琥珀色液体，微带芳香味。沸点：234.1 ℃（2.7 千帕）。蒸气压：1.6 帕（20 ℃）。相对密度：1.4。在水溶液中缓慢分解，遇碱分解加快，对热稳定，对铁有腐蚀性。

【毒性】中等毒。大白鼠急性经口 LD_{50} 50～110 毫克/千克，小白鼠经口 LD_{50} 50～92 毫克/千克；大鼠急性经皮 LD_{50} 75～107 毫克/千克。兔经口剂量在 0.2 毫克/（千克·天）以上时，经 168 天引起慢性中毒，超过 1 毫克/（千克·天），动物肝发生严重病变，胆碱酯酶持续下降。人类淋巴细胞 100 微升，DNA 抑制。小鼠腹腔 7 毫克/（千克·天），精子形态学改变。大鼠经口最低中毒剂量 39 200 微克/千克（孕 14～21 天），致新生鼠生化和代谢改变。大鼠经口最低中毒剂量 4 120 毫克/千克，2 年（连续）致癌，肺肿瘤、胃肠肿瘤。小鼠经皮最低中毒剂量 20 600 毫克/千克，2 年（连续）致癌，胃肠肿瘤。对鱼毒性大，青鳃鱼 TLm（24 小时）1 毫克/升。对瓢虫、食蚜蝇等天敌有较大杀伤力。对蜜蜂有毒。

【防治对象】敌敌畏对害虫具有熏蒸、胃毒和触杀作用。对咀嚼式、刺吸式口器害虫均有良好防治效果。由于蒸气压较高，对害虫的击倒力强。施药后易分解，残效期短，无残留。适用于防治蔬菜、果树、林木、烟草、茶叶、棉花及临近收获前的果树害虫，对蚊、蝇等卫生害虫和米象、谷盗等仓库害虫也有良好防治效果。

【使用方法】

（1）**小麦害虫** 防治麦蚜，每亩用 80%乳油 70～75 毫升（有效成分 56～60 克），对水 1 千克，均匀喷在 10 千克稻糠或麦糠中，边喷边拌匀，然后均匀撒施于麦田中。

防治小麦吸浆虫，80%敌敌畏乳油 50 毫升/亩＋5%高效氯氰菊酯乳油 50 毫升/亩＋有机硅助剂 2 000 倍液，成虫期喷雾，3 天一次，连喷 2 次。40%毒死蜱乳油 200 毫升/亩配敌敌畏毒土 20 千克/亩化蛹期撒施一次后，在成虫期再使用 80%敌敌畏乳油 50 毫升/亩＋5%高效氯氰菊酯乳油 50 毫升/亩喷雾 1 次，效果更好。

（2）**水稻害虫**　防治稻飞虱，在二、三龄若虫盛发期，每亩用 80％乳油 150～250 毫升（有效成分 120～200 克），对水 5～10 倍，与干细沙或干细土拌匀不结快，随拌随用，均匀撒于稻田。

（3）**果树害虫**　防治苹果黄蚜，有效成分浓度 500 毫克/千克（例如 80％乳油 1 600 倍液）对果树茎叶喷雾。

【注意事项】

（1）敌敌畏乳油对高粱、月季花等植物易产生药害，不宜使用。对玉米、豆类、瓜类幼苗及柳树也较敏感，稀释浓度不能低于 800 倍，最好应先进行试验再使用。蔬菜收获前 7 天停止用药。小麦上喷雾使用，亩使用量不超过 40 克有效成分，否则可能产生药害。

（2）本品水溶液分解快，应随配随用。不可与碱性药剂混用，以免分解失效。药剂应存放在儿童接触不到的地方。

（3）本品对人、畜毒性大，挥发性强，施药时注意不要污染皮肤。中午高温时不宜施药，以防中毒。本品也容易通过皮肤渗透吸收，通过皮肤渗透吸收的 LD_{50} 75～107 毫克/千克。对人的无作用安全剂量为 0.033 毫克/（千克·天）。

（4）遇有中毒者，应立即抬离施药现场，脱去污染衣服并用肥皂水清洗被污染的皮肤。需将病人及时送医院治疗，解毒药剂为阿托品，而且不宜过早停药，并注意心脏和肝脏的保护，防止病情反复。胆碱酯酶复能剂对治疗敌敌畏中毒效果不佳。如系口服者，应立即口服 1％～2％苏打水，或用 0.2％～0.5％高锰酸钾溶液洗胃，因敌敌畏对消化道黏膜刺激作用较强，催吐和洗胃时要小心，以防止造成消化道黏膜出血和穿孔，并服用片剂解磷毒（PAM）或阿托品 1～2 片。眼部污染可用苏打水或生理盐水冲洗。

（5）遇明火、高热可燃。受热分解，放出氧化磷和氯化物等毒性气体。燃烧（分解）产物为一氧化碳、二氧化碳、氯化氢、氧化磷。

【主要制剂和生产企业】80％、77.5％、50％乳油；90％可溶液剂；50％油剂；20％塑料块缓释剂；15％烟剂。

湖北沙隆达股份有限公司、江苏省南通江山农药化工股份有限公司、深圳诺普信农化股份有限公司、天津市华宇农药有限公司、天津市施普乐农药技术发展有限公司等。

敌百虫（trichlorfon）

【作用机理分类】第 1 组（1B）

【化学结构式】

【理化性质】纯品是白色结晶。密度：1.730。熔点：83～84 ℃。沸点：96 ℃(10.7 帕)。蒸气压很低，饱和蒸气压 13.33 千帕（100 ℃）。挥发性不大。工业品中含少量油状杂质，熔点在 70 ℃左右。有氯醛的特殊气味。易吸湿。溶于水、氯仿、苯、乙醚，微溶于煤油、汽油。在酸性介质中或在固态下相当稳定。在水溶液中则易水解。在碱性溶液中及 550 ℃时分解很快。

【毒性】**低毒**。原药急性口服 LD_{50} 630 毫克/千克（雌鼠），560 毫克/千克（雄鼠）。

【防治对象】敌百虫对害虫有很强的胃毒作用，并有触杀作用。可有效防治双翅目、鳞翅目、鞘翅目害虫，对螨类和某些蚜虫防治效果很差，适用于防治蔬菜、果树、烟草、茶叶、粮食、油料、棉花等农作物害虫及卫生害虫和家畜体外寄生虫。对植物有渗透作用，但无内吸传导作用。

【使用方法】

（1）**旱粮作物害虫** 防治小麦黏虫，抓住幼虫低龄期（以二、三龄为主）用 80%晶体或可溶性粉剂 150 克/亩（有效成分 120 克/亩），对水 50～75 千克喷雾，或用 5%粉剂，2 000 克/亩（有效成分 100 克/亩）喷粉。

防治大豆造桥虫、豆芫菁、草地螟，用 80%晶体或可溶性粉剂 150 克/亩（有效成分 120 克/亩），对水 50～75 千克喷雾。

（2）**水稻害虫** 防治二化螟，在水稻分蘖期用药防治枯梢，在孕穗期用药防治虫伤株，用 80%晶体或可溶性粉剂 150～200 克/亩（有效成分 120～160 克/亩），对水 75～100 千克喷雾。同样用量可防治稻苞虫、稻纵卷叶螟、稻飞虱、稻叶蝉、稻蓟马、稻铁甲虫等水稻害虫。

（3）**蔬菜害虫** 防治菜粉蝶、小菜蛾、甘蓝夜蛾、黄条跳甲、菜螟、烟青虫等，用 80%晶体或可溶性粉剂 100 克/亩（有效成分 80 克/亩），对水 50 千克喷雾。

（4）**茶树害虫** 防治茶黄毒蛾、茶斑毒蛾、油茶毒蛾、茶尺蠖，用 80%可溶性粉剂 1 000 倍液（有效浓度 800 毫克/千克）均匀喷雾。

【注意事项】

（1）敌百虫对高粱极易产生药害，不可使用；对玉米、豆类、瓜类的幼苗易产生药害。

（2）安全间隔期，烟草在收获前 10 天，水稻、蔬菜、茶在收获前 7 天停止用药。在桑树上使用，要间隔 15 天后才能采叶喂蚕。

（3）药剂稀释液应现配现用。

（4）敌百虫是胆碱酯酶抑制剂，但被抑制的胆碱酯酶部分可自行恢复，故中毒快，恢复亦快。人中毒后全血胆碱酯酶活性下降，中毒症状表现为流涎、大汗、瞳孔缩小、血压升高、肺水肿、昏迷等，个别病人可引起迟发神经中毒和心肌损害。

（5）急救措施：解毒治疗以阿托品类药物为主，复能剂效果较差，可酌情使用。洗胃要彻底，忌用碱性液体洗胃和冲洗皮肤，可用高锰酸钾溶液或清水。

【主要制剂和生产企业】90％、80％晶体；95％、80％、70％、50％可溶性粉剂；25％超低容量油剂；40％、5％、2.5％粉剂；60％、50％、2.5％乳油；5％、2.5％颗粒剂等。

浙江巨化股份有限公司兰溪农药厂、湖北沙隆达股份有限公司、海南正业中农高科股份有限公司等。

马拉硫磷（malathion）

【作用机理分类】第 1 组（1B）

【化学结构式】

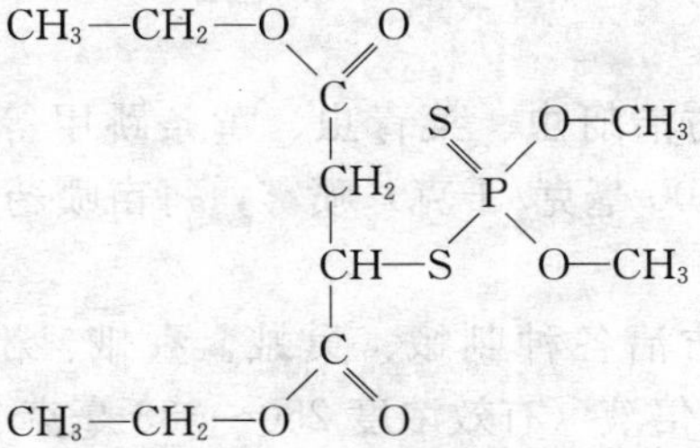

【曾用名】马拉松、防虫磷、MLT、EI4049

【理化性质】纯品为黄色或无色；工业品为棕黄色油状液体；有特殊的蒜臭，室温即挥发。相对密度：1.23（25 ℃）。熔点：2.85 ℃。沸点：156～157 ℃（93.1 帕）。折射率：1.495 8。几乎不溶于水或脂肪烃，水中溶解度：145 毫克/升，易溶于有机溶剂，可与乙醇、酯类、酮类、醚类和植物油任意混合。水溶液 pH5.26 时稳定，pH 大于 7、小于 5 时即分解，日光下易氧化，在有铜、铁、锡、铝等存在时更能促使分解。

【毒性】**低毒**。大白鼠急性经口 LD_{50} 1 751.5 毫克/千克（雌），1 634.5 毫克/千克（雄）；急性经皮 LD_{50} 4 000～6 150 毫克/千克。用含 5 000 毫克/千克饲料饲养大鼠 2 年，未出现死亡；以 1 000 毫克/千克剂量的饮料喂大白鼠 92周，体重能正常增加。对眼睛、皮肤有刺激性。对蜜蜂高毒。对鱼类中等毒性，鲤鱼 TLm(48 小时) 9.0 毫克/升。

马拉硫磷的降解主要通过水解和氧化作用。这些反应可以在空气、水、土壤和生物机体内进行。在土壤中马拉硫磷可因微生物活动而迅速水解。在消毒过的土壤中每天降解 7%，而在普通土壤中 97% 马拉硫磷被降解。属弱蓄积化合物，在土壤、作物和机体内的残留均不严重。在环境中的行为与有机磷类农药的一般规律相同，可以在大气、水体和土壤间相互迁移，不大会由生物携带扩散。

【防治对象】马拉硫磷对害虫以触杀和胃毒作用为主，有一定熏蒸作用。本品毒性低，残效期较短，对刺吸式和咀嚼式口器害虫均有效，适用于防治禾本科作物、蔬菜、棉花、果树、烟草、茶叶、林木等害虫及仓库害虫。

【使用方法】

（1）麦类害虫 防治黏虫、蚜虫、麦叶蜂，用 45% 或 50% 乳油 1 000 倍液（有效成分浓度 500 毫克/千克）喷雾，每亩喷药量 75～100 千克（有效成分 37.5～50 克）。

（2）棉花害虫 防治棉叶跳虫、盲椿象，用 45% 或 50% 乳油 1 000～1 500倍液（有效成分浓度 333～500 毫克/千克）喷雾，每亩喷药量 75 千克（有效成分 25～37.5 克）。

（3）蔬菜害虫 防治蚜虫、菜青虫、黄条跳甲等，用 45% 或 50% 乳油1 000 倍液（有效浓度 500 毫克/千克）喷雾，每亩喷药量 75～100 千克（有效成分 37.5～50 克）。

（4）果树害虫 防治各种刺蛾、巢蛾、蠹蛾、粉蚧、蚜虫，用 45% 或50% 乳油 1 500～2 000 倍液（有效浓度 250～333 毫克/千克）喷雾。

（5）防治蝗虫 每亩用 50% 乳油 60～80 毫升（有效成分 30～40 克）加水 1 倍，或马拉硫磷加敌敌畏（6：4），每亩用药量按有效成分 30～40 克，地面超低容量喷雾。如采用飞机超低容量喷雾，按上述用药量再加 10 克油，每亩喷液量 150 毫升，但敌敌畏的有效成分用量不得超过 15 克。

【对天敌和有益生物的影响】马拉硫磷对寄生蜂、瓢虫、捕食螨等天敌有一定杀伤作用。对蜜蜂高毒。

【注意事项】

（1）本品易燃，在运输、储存过程中注意防火，远离火源。

（2）忌与碱性或酸性物质混用，以免分解失效。

（3）施药的田块周围做上标记，10天内不许牲畜进入。

（4）瓜类、番茄幼苗、高粱、豇豆、甘薯、樱桃、桃树及某些品种苹果对马拉硫磷比较敏感，必须低浓度使用。

（5）防治叶蝉易产生抗药性，尽量与其他药剂混用或交替使用。

（6）受热分解，放出磷、硫的氧化物等毒性气体。燃烧（分解）产物为一氧化碳、二氧化碳、氧化磷、氧化硫。

（7）中毒时应立即送医院诊治，给病人皮下注射1～2毫克阿托品，并立即催吐。上呼吸道刺激可饮少量牛奶及苏打水。眼睛受到沾染时用温水冲洗。皮肤发炎时可用20％苏打水润湿绷带包扎。

【主要制剂和生产企业】 70％、50％、45％、2.5％乳油；25％油剂。

天津市华宇农药有限公司、江苏省常州市武进恒隆农药有限公司、河北世纪农药有限公司、江苏好收成韦恩农药化工有限公司、浙江省宁波中化化学品有限公司、山东省德州恒东农药化工有限公司、江苏连云港立本农药化工有限公司、深圳诺普信农化股份有限公司、河南省安阳市安林生物化工有限责任公司、陕西省蒲城县美邦农药有限责任公司、广西金穗农药有限公司、江西省赣州鑫谷生物化工有限公司等。

溴氰菊酯（deltamethrin）

【作用机理分类】 第3组

【化学结构式】

【曾用名】 敌杀死

【理化性质】 纯品为白色斜方形针状晶体，工业品为白色无气味晶状固体。

熔点：101～102 ℃。蒸气压：4.0×10⁻⁸帕（25 ℃）。在水中及其他羟基溶剂中溶解度很小，能溶于大多数有机溶剂。在酸性介质中较稳定，在碱性介质中不稳定。对光和空气稳定，在环境中有较长的残效期。工业品常温下储存 2 年无变化。

【毒性】**中等毒**。原药对大鼠急性口服 LD_{50} 138.7 毫克/千克，急性经皮 LD_{50}＞2 940 毫克/千克。对皮肤无刺激性，对眼睛有轻度刺激，但在短期内即可消失。

【防治对象】溴氰菊酯以触杀、胃毒作用为主，对害虫有一定驱避与拒食作用，无内吸、熏蒸作用。杀虫谱广，击倒速度快，适用于防治棉花、果树、蔬菜、小麦等各种农作物上的多种害虫，尤其对鳞翅目幼虫及蚜虫杀伤力大，但对螨类无效，对某些卫生害虫有特效。作用部位在神经系统，为神经毒剂，使昆虫过度兴奋、麻痹而死。适用于防治农林、仓储、卫生、牲畜的害虫。药剂对植物的穿透性很弱，仅污染果皮。

【使用方法】

(1) **小麦害虫**　防治小麦黏虫，于幼虫三龄期前，每亩用 2.5% 乳油 20～40 毫升（有效成分 0.5～1.0 克），对水喷雾。防治麦蚜，每亩用有效成分 0.5～1.0 克对水喷雾。

(2) **棉花害虫**　防治棉铃虫、红铃虫，卵初孵至孵化盛期施药，每亩用 2.5% 乳油 24～40 毫升（有效成分 0.6～1.0 克），对水 50～75 千克喷雾。可兼治棉小造桥虫、棉盲蝽等害虫。防治蓟马，在发生期每亩用 2.5% 乳油 10～20 毫升（有效成分 0.25～0.5 克），对水 25～50 千克喷雾。

(3) **果树害虫**　防治柑橘潜叶蛾，新梢放梢初期（2～3 厘米）施药，用有效浓度 5～10 毫克/千克喷雾，间隔 7～10 天再喷一次。防治桃小食心虫、梨小食心虫，于卵孵化盛期，幼虫蛀果前，即卵孵化率达 1% 时施药，使用溴氰菊酯有效浓度 5～8 毫克/千克喷雾。

(4) **蔬菜害虫**　防治菜青虫、小菜蛾，在幼虫二、三龄期用药，每亩用 2.5% 乳油 10～20 毫升（有效成分 0.25～0.5 克），对水 25～50 千克喷雾，残效期可达 10～15 天，同时可兼治斜纹夜蛾、蚜虫等。防治黄守瓜、黄条跳甲，在若虫、成虫期施药，每亩用 2.5% 乳油 12～24 毫升（有效成分 0.3～0.6 克），对水 25～50 千克喷雾，残效期 10 天左右。

【对天敌和有益生物的影响】溴氰菊酯对广赤眼蜂、螟黄赤眼蜂、松毛虫赤眼蜂等寄生性天敌有较强的毒杀作用。对鱼和水生昆虫毒性高，对蜜蜂和蚕剧毒。

【注意事项】

（1）不可与碱性农药混用。但为减少用药量，延缓抗药性，可与马拉硫磷、乐果等有机磷农药非碱性物质现混现用。

（2）不能在桑园、鱼塘、河流、养蜂场所等处及其周围用药，以免杀伤蚕、蜜蜂、水生生物等有益生物。

（3）无内吸杀虫作用，防治钻蛀性害虫时，应掌握在幼虫蛀入前用药。对螨类无效，当虫、螨并发时，应配合使用杀螨剂防治害螨。

（4）对人的眼睛、鼻黏膜、皮肤刺激性较大，有的人易产生过敏反应，施药时应注意防护。

（5）在玉米、高粱上使用的剂量不能增加，以免产生药害。

（6）中毒症状可表现为恶心、呕吐、呼吸困难、急促、血压过低、脉搏迟缓，接着出现高血压和心搏过快，也可能出现反应迟钝，然后全身兴奋，严重时有惊厥等症状，皮肤接触中毒症状比较复杂，大多数是局部过敏，如红疹或局部刺激感，但也有少数出现典型神经性中毒症状，如恶心但不呕吐，一般瞳孔无变化，头昏，口干，心悸，手部肌肉震颤，无力，出虚汗，视物模糊，失眠等。

（7）在使用中如有药剂溅到皮肤上，应立即用滑石粉吸干，再用肥皂清洗。如药液溅到眼睛中，应立即用大量清水冲洗。如误服中毒，应立即使之呕吐，对失去知觉者给予洗胃，然后用活性炭制剂进行对症治疗。如果在喷雾中有不适或中毒，应立即离开现场，同时勿使病人散热，要将病人放于温暖环境，对有皮肤刺激者，应避免阳光照射，使用护肤剂局部处理，也可用一些止痒药。如吸入中毒，可用半胱氨酸衍生物如甲基胱氨酸给病人进行 15 分钟雾化吸入。对有神经系统症状中毒严重者，可立即肌注异戊巴比妥钠一支。如心血管症状明显，可注射常量氢化可的松。如病人严重呼吸困难或惊厥时，应立即送医院抢救及对症治疗。如确诊为与有机磷农药混用中毒，应先解决有机磷问题即立即肌注阿托品 2 毫克，然后重复注射直至患者口部感觉发干为止，也可用解磷定解除有机磷毒性。但溴氰菊酯单独中毒，不能用阿托品，否则将加重病情。

【主要制剂和生产企业】 2.5％乳油；1.5％、0.5％超低容量喷雾剂；2.5％可湿性粉剂；2.5％微乳剂。

常州康美化工有限公司、江苏南通龙灯化工有限公司、江苏拓农化工股份有限公司、江苏优士化学有限公司、德国拜耳作物科学公司等。

高效氯氟氰菊酯（lambda - cyhalothrin）

【作用机理分类】第 3 组
【化学结构式】

(S)-醇-(Z)-(IR)-顺式酸

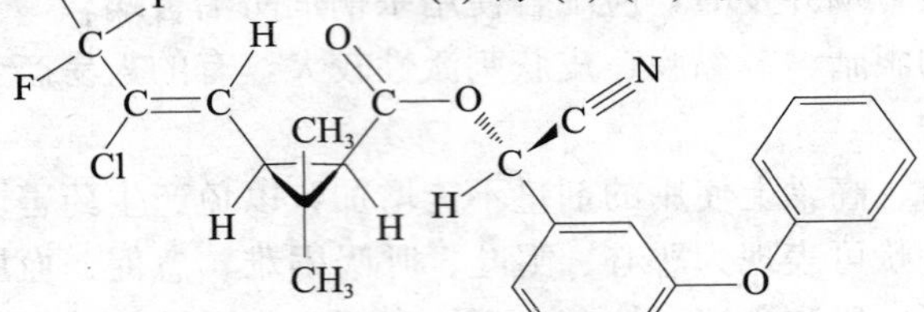

(R)-醇-(Z)-(IS)-顺式酸

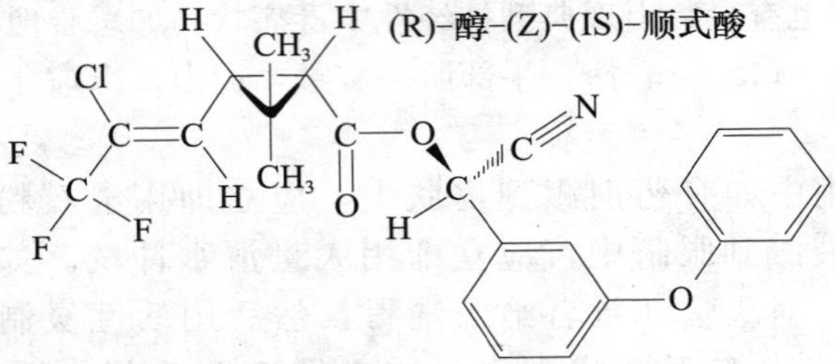

【曾用名】功夫、功夫菊酯、空手道

【理化性质】纯品为白色结晶。熔点：49.2 ℃。难溶于水，21 ℃溶解 5×10^{-3} 毫克/升，可溶于丙酮、二氯甲烷、乙酸乙酯、甲醇、正己烷、甲苯等多种普通有机溶剂中。稳定性：在 15～20 ℃，至少可稳定存放 180 天，在酸性介质中稳定，在碱性介质中易分解。

【毒性】**中等毒**。原药口服急性毒性 LD_{50}：雄大鼠 79 毫克/千克，雌大鼠 56 毫克/千克。大鼠急性经皮 LD_{50}：雄大鼠 632 毫克/千克，雌大鼠 696 毫克/千克，兔经皮 $LD_5 > 2\,000$ 毫克/千克。

【防治对象】高效氯氟氰菊酯对害虫具有强烈的触杀和胃毒作用，也有驱避作用，杀虫谱广、高效、作用快，对螨类也很有效。耐雨水冲刷。可防治鳞翅目、鞘翅目、同翅目、双翅目等多种农业和卫生害虫。

【使用方法】

（1）小麦害虫　防治小麦蚜虫，在小麦苗蚜始盛期喷雾施药，推荐剂量为有效成分 0.5～0.6 克/亩（例如 2.5％乳油 20～24 毫升/亩）。

（2）**棉花害虫**　防治棉铃虫，在棉铃虫低龄幼虫期喷雾施药，推荐使用有效成分浓度为 50～70 毫克/千克（例如 2.5％乳油 360～500 倍液）。

（3）**果树害虫**　防治柑橘蚜虫，推荐使用有效成分浓度 25 毫克/千克（例如 2.5％乳油 1 000 倍液）于柑橘蚜虫若虫始盛期喷雾。

防治桃小食心虫，推荐使用有效成分浓度 25 毫克/千克（例如 2.5％乳油 1 000 倍液），在桃小食心虫卵盛期施药。

【对天敌和有益生物的影响】高效氯氟氰菊酯对田间龟纹瓢虫、蜘蛛以及大草蛉有一定的杀伤作用，能降低广赤眼蜂的羽化率。对鱼和水生生物剧毒，对蜜蜂和家蚕剧毒。

【注意事项】

（1）不能与碱性农药混用。

（2）无内吸作用，应注意喷洒时期。在卷叶蛾卷叶前或蛀果蛾、潜叶蛾侵入果实或蚕食叶子前喷药较适宜。应均匀喷洒。

（3）避免连用，注意轮用。

（4）对鱼、蜜蜂、家蚕剧毒，不能在桑园、鱼塘、河流等处及其周围用药，花期施药要避免伤害蜜蜂。

【主要制剂和生产企业】25％、10％可湿性粉剂；25 克/升、2.5％乳油；75 克/升、25 克/升微囊悬浮剂；5％、2.7％微乳剂；25 克/升、10％、5％、2.5％水乳剂；1.5％悬浮剂。

江苏扬农化工有限公司、瑞士先正达作物保护公司等。

高效氯氰菊酯（beta - cypermethrin）

【作用机理分类】第 3 组

【化学结构式】

(R)-醇-(1S)-反式酸

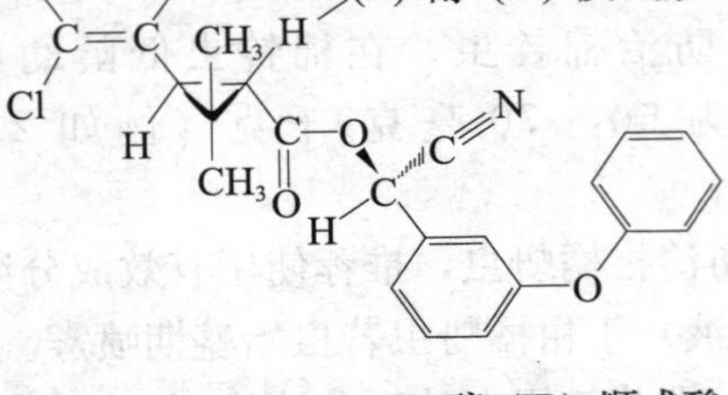

(S)-醇-(1R)-顺式酸

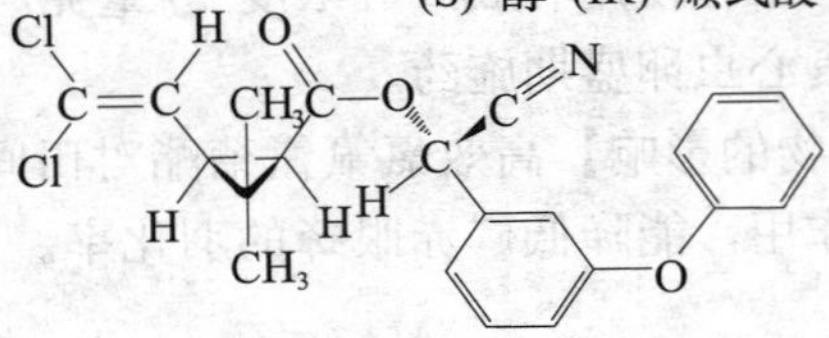

(S)-醇-(1R)-反式酸

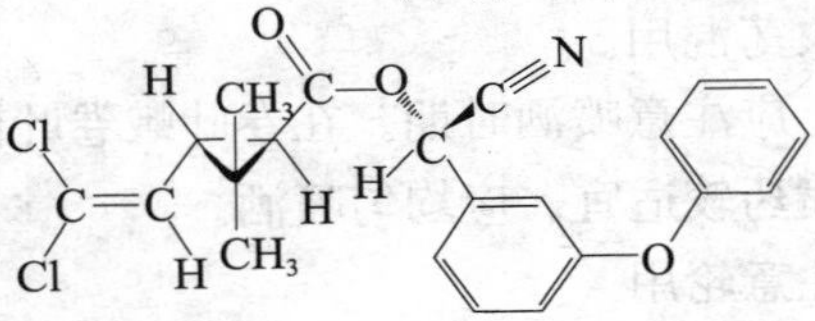

【曾用名】高效灭百可、高保

【理化性质】原药为无色或淡黄色晶体。熔点：64～71 ℃（峰值 67 ℃）。蒸气压：180 毫帕（20 ℃）。比重：1.32 克/毫升（理论值），0.66 克/毫升（结晶体，20 ℃）。溶解度：在 pH＝7 的水中，51.5 微克/升（5 ℃）、93.4 微克/升（25 ℃）、276.0 微克/升（35 ℃）。异丙醇 11.5 毫克/毫升、二甲苯 749.8 毫克/毫升、二氯甲烷 3 878 毫克/毫升、丙酮 2 102 毫克/毫升、乙酸乙酯 1 427 毫克/毫升、石油醚 13.1 毫克/毫升（均为毫克/毫升，20 ℃下）。稳定性 150 ℃，空气及阳光下及在中性及微酸性介质中稳定。碱性条件下存在差向异构现象，强碱中水解。

【毒性】低毒。工业品对大鼠急性经口 LD_{50} 649 毫克/千克，急性经皮 LD_{50}＞5 000 毫克/千克，对兔皮肤、黏膜和眼有轻微刺激。对豚鼠不致敏。大鼠的急性吸入 LC_{50}＞1.97 毫克/升。

【防治对象】高效氯氰菊酯对害虫具有触杀和胃毒作用，杀虫速效，并有杀卵活性。在植物上有良好的稳定性，能耐雨水冲刷。对小麦、棉花、蔬菜、果树等作物上的鳞翅目、半翅目、双翅目、同翅目、鞘翅目等农林害虫及蚊、蝇、蟑螂、跳蚤、臭虫、虱子和蚂蚁以及动物体外寄生虫如蜱、螨等都有极高的杀灭效果。

【使用方法】该药对鳞翅目幼虫效果好，对同翅目、半翅目、双翅目等也有较好防效，适用于小麦、棉花、果树、烟草、蔬菜、茶树、大豆、甜菜等作物。

(1) **小麦害虫** 防治小麦蚜虫，用有效成分 0.45～0.675 克/亩（例如 4.5%乳油 10～15 毫升）在田间蚜虫始盛期（百株蚜量 500 头左右）施药。

(2) **棉花害虫** 防治棉花蚜虫、棉铃虫，每亩用 4.5%乳油 22～45 毫升。

(3) **蔬菜害虫** 防治菜青虫、小菜蛾，每亩用 4.5%乳油 13.3～37.7 毫升。

【对天敌和有益生物的影响】高效氯氰菊酯对卷蛾分索赤眼蜂、草间小黑蛛等有一定的杀伤作用。对鱼、蚕高毒，对蜜蜂、蚯蚓毒性大。

【注意事项】

(1) 忌与碱性物质混用，以免分解失效。

(2) 无特效解毒药。如误服，应立即请医生对症治疗。使用中不要污染水源、池塘、养蜂场等。

【主要制剂和生产企业】100 克/升、10%、4.5%乳油；5%、4.5%可湿性粉剂；5%、4.5%、0.12%水乳剂；5%、4.5%微乳剂。

南京红太阳股份有限公司、江苏皇马农化有限公司、江苏天容集团股份有限公司、天津龙灯化工有限公司、山东大成农药股份有限公司等。

氰戊菊酯（fenvalerate）

【作用机理分类】第 3 组

【化学结构式】

【曾用名】杀灭菊酯、来福灵、速灭杀丁

【理化性质】纯品为黄色透明油状液体，原药为棕黄色黏稠液体。溶于二甲苯、甲醇、丙酮、氯仿。而且耐光性较强，在酸性中稳定，碱性中不稳定。

【毒性】**中等毒**。原药大鼠急性经口 LD_{50} 451 毫克/千克，大鼠急性经皮

$LD_{50} > 5\,000$ 毫克/千克，大鼠急性吸入 $LC_{50} > 101$ 毫克/米^3，对兔皮肤有轻度刺激，对眼睛有中度刺激。没有致突变、致畸和致癌作用。

【防治对象】氰戊菊酯以触杀和胃毒作用为主，无内吸传导和熏蒸作用。对鳞翅目幼虫效果好。对同翅目、直翅目、半翅目等害虫也有较好效果，但对螨类无效。适用于小麦、棉花、果树、蔬菜等作物。

【使用方法】

（1）小麦害虫　防治麦蚜、黏虫，于麦蚜发生期，黏虫二、三龄幼虫发生期用药，用20%乳油 3 300～5 000 倍液（有效浓度 40～60 微克/毫升）喷雾。

（2）棉花害虫　防治棉铃虫，卵孵化盛期、幼虫蛀蕾铃前，黄河流域棉区当百株卵量超过 15 粒或百株幼虫达到 5 头时施药，每亩用 20%乳油 25～50 毫升（有效成分 5～10 克），对水 50～75 千克喷雾。防治红铃虫，于各代卵孵盛期施药，每亩用 20%乳油 25～50 毫升（有效成分 5～10 克），对水喷雾，可根据虫口密度及为害情况 7～10 天再喷一次。可兼治棉小造桥虫、金刚钻、卷叶虫、棉盲蝽、蓟马、叶蝉等害虫。

（3）蔬菜害虫　防治菜青虫，在幼虫二、三龄期用药，每亩用 20%乳油 10～25 毫升（有效成分 2～5 克），效果较好，残效期在 7～10 天，此剂量还可以防治各种菜蚜、蓟马。

防治小菜蛾，三龄幼虫前每亩用 20%乳油 15～30 毫升（有效成分 3～6 克）或 20%乳油 3 000～4 000 倍液（有效浓度 50～67 微克/毫升）喷雾，残效期在 7～10 天，但防治对菊酯类已产生抗性的小菜蛾效果不好。此剂量还可以防治斜纹夜蛾、甘蓝夜蛾、番茄上的棉铃虫、黄守瓜、二十八星瓢虫、烟青虫。

防治豆荚野螟，在豇豆、菜豆开花始盛期、卵孵盛期施药，每亩用 20%乳油 20～40 毫升（有效成分 4～8 克），在早晚花瓣展开时，对花和幼荚均匀喷雾，根据虫口密度，隔 10 天左右再喷一次，能有效减少蕾、花脱落和控制豆荚被害。同时可以防治豆秆蝇、豆天蛾。

（4）果树害虫　防治柑橘潜叶蛾，新梢放梢初期（2～3 厘米）施药，用有效浓度 20～40 毫克/千克喷雾，间隔 7～10 天再喷一次，可兼治橘蚜、卷叶蛾、木虱等。

防治苹果、梨、桃树上的食心虫，于卵孵化盛期，卵果率达 1%时施药，使用有效浓度 50～100 毫克/千克喷雾，有一定杀卵作用，残效期 10 天左右，施药 2～3 次，可兼治苹果蚜、桃蚜、梨星毛虫、卷叶虫等叶面害虫。

防治柑橘介壳虫，于发生期施药，用 20%乳油 4 000～5 000 倍液（有效浓度 40～50 毫克/千克）加 1%矿物油混用，可有效防治红蜡蚧、矢尖蚧、糠片蚜、黑点蚜。

【对天敌和有益生物的影响】氰戊菊酯对田间草间小黑蛛、七星瓢虫、龟纹瓢虫、异色瓢虫等天敌有一定的杀伤作用。对鱼和水生动物毒性很大，对鸟类毒性不大，对蜜蜂安全。

【注意事项】

（1）不可与碱性农药等物质混用。

（2）施药要均匀周到，才能有效控制害虫。在害虫、害螨并发的作物上使用此药，由于对螨无效，对天敌毒性高，易造成害螨猖獗，所以要配合使用杀螨剂。

（3）蚜虫、棉铃虫等害虫对此药易产生抗性，使用时尽可能轮用、混用。可以与乐果、马拉硫磷、代森锰锌等非碱性农药混用。

（4）对蜜蜂、家蚕、鱼虾等毒性高。使用时注意不要污染河流、池塘、桑园、养蜂场所。

（5）氰戊菊酯误服时可能出现呕吐、神经过敏、悸惧、严重时震颤以及全身痉挛。在使用过程中，如有药液溅到皮肤上，应立即用肥皂清洗；如药液溅入眼中，应立即用大量清水冲洗。如发现误服，立即喝大量盐水促进呕吐，或慎重进行洗胃，使药物尽速排出。对全身中毒初期患者，可用二苯基甘醇酰脲或苯乙基巴比特酸对症治疗。

【主要制剂和生产企业】20%乳油。

山东大成农药股份有限公司、开封博凯生物化工有限公司、浙江省杭州庆丰农化有限公司、重庆农药化工（集团）有限公司、广西桂林依柯诺农药有限公司等。

吡虫啉（imidacloprid）

【作用机理分类】第4组
【化学结构式】

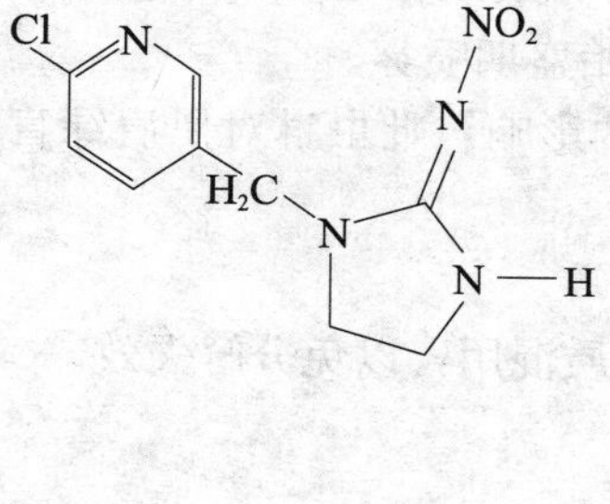

【曾用名】咪蚜胺、灭虫精、大功臣、一遍净、蚜虱净、康复多

【作用特点】吡虫啉为硝基亚甲基类内吸性杀虫剂，主要用于防治刺吸式口器害虫。对害虫具有胃毒作用，是烟酸乙酰胆碱酯酶受体的作用体。其作用机理是干扰害虫运动神经系统，使化学信号传递失灵。害虫接触药剂后，中枢神经正常传导受阻，使其麻痹死亡。速效性好，药后 1 天即有较高的防效，残效期长达 25 天左右。药效和温度呈正相关，温度高杀虫效果好。

【毒性】**中等毒**。原药大鼠急性经口 LD_{50} 450 毫克/千克，小鼠急性经口 LD_{50} 147 毫克/千克（雄）、126 毫克/千克（雄）。大鼠急性经皮 $LD_{50}>5\,000$ 毫克/千克，急性吸入（4 小时）$>5\,223$ 毫克/千克（粉剂）。原药对家兔眼睛有轻微刺激性，对皮肤无刺激性。人每日允许摄入量为 0.057 毫克/千克。对鱼低毒，叶面喷洒时对蜜蜂有危害，种子处理对蜜蜂安全，对鸟类有毒。在土壤中不移动，不会淋渗到深层土中。

【防治对象】吡虫啉主要用于防治水稻、小麦、棉花、蔬菜等作物上的刺吸式口器害虫，如蚜虫、叶蝉、蓟马、白粉虱以及马铃薯甲虫和麦秆蝇等。也可有效防治土壤害虫、白蚁和一些咀嚼式口器害虫，如稻水象甲和科罗拉多跳甲等。对线虫和蜘蛛无活性。在水稻、棉花、禾谷类作物、玉米、甜菜、马铃薯、蔬菜、柑橘、仁果类果树等不同作物，既可种子处理，又可叶面喷雾。

【使用方法】防治小麦蚜虫，亩用有效成分 1～1.5 克（例如 10％可湿性粉剂 10～15 克），在小麦蚜虫始盛发生期喷雾使用。

防治水稻白背飞虱，亩用有效成分 2 克（例如 10％可湿性粉剂 20 克），在白背飞虱初发期喷雾施药。

防治棉蚜，亩用有效成分 1～2 克（例如 10％可湿性粉剂 10～20 克），在棉蚜初发期喷雾施药，隔 10 天左右再施药 1 次。

防治蔬菜烟粉虱，亩用有效成分 2 克（例如 10％可湿性粉剂 20 克），在烟粉虱始盛发期喷雾施药。

防治苹果蚜虫，亩用有效成分浓度 20 毫克/升（例如 10％可湿性粉剂 5 000倍液），在蚜虫发生始盛期喷雾。

【对天敌和有益生物的影响】吡虫啉对黑肩绿盲蝽、龟纹瓢虫具有一定的杀伤作用。

【注意事项】

（1）不可与强碱性物质混用，以免分解失效。

（2）对家蚕有毒，养蚕季节严防污染桑叶。

（3）水稻褐飞虱对吡虫啉已产生极高水平抗药性，不宜用吡虫啉防治褐飞虱。

（4）在温度较低时，防治小麦蚜虫效果会受一定影响。

（5）部分地区烟粉虱对吡虫啉有抗药性，此类地区不宜再用于防治烟粉虱。

【主要制剂和生产企业】70％水分散粒剂；70％湿拌种剂；60％种子处理悬浮剂；70％、50％、30％、25％、20％、12％、10％、7％、5％、2.5％可湿性粉剂；600克/升、48％、35％、30％、10％悬浮剂；45％、30％、20％、5％微乳剂；20％浓可溶剂；200克/升、125克/升、6％、5％可溶液剂；20％、15％、5％泡腾片剂；10％、5％、2.5％乳油；1％悬浮种衣剂。

江苏克胜集团股份有限公司、江苏红太阳集团股份有限公司、安徽华星化工股份有限公司、德国拜耳作物科学有限公司等。

啶虫脒（acetamiprid）

【作用机理分类】第4组
【化学结构式】

【曾用名】莫比朗、吡虫氰、乙虫脒

【作用特点】啶虫脒是在硝基亚甲基类基础上合成的烟酰亚胺类杀虫剂。具有超强触杀、胃毒、强渗透作用，还有内吸性强、用量少、速效性好、持效期长等特点。其作用机理是干扰昆虫体内神经传导作用，通过与乙酰胆碱受体结合，抑制乙酰胆碱受体的活性。对天敌杀伤力小，对鱼毒性较低，对蜜蜂影响小，对人、畜、植物安全。

【毒性】中等毒。大鼠急性经口 LD_{50} 217毫克/千克（雄），146毫克/千克（雌）；小鼠急性经口 LD_{50} 198毫克/千克（雄），184毫克/千克（雌）。大鼠急性经皮 $LD_{50} > 2\,000$ 毫克/千克（雄、雌）。对皮肤和眼睛无刺激性，动物试验无致突变作用。人每日允许摄入量为 0.017 毫克/千克。对鱼类低毒。

【防治对象】啶虫脒对害虫具有触杀和胃毒作用，速效和持效性强，对害虫药效可达 20 天左右。适用于甘蓝、白菜、萝卜、莴苣、黄瓜、西瓜、茄子、青椒、番茄、甜瓜、葱、草莓、马铃薯、玉米、苹果、梨、葡萄、桃、梅、枇杷、柿、柑橘、茶、菊、玫瑰、烟草等作物，对刺吸式口器害虫如蚜虫、蓟马、粉虱等，喷药后 15 分钟即可解除危害，对害虫药效可达 20 天左右，其强烈的内吸及渗透作用防治害虫可达到正面喷药，反面死虫的优异效果。用于防治蚜虫、白粉虱等半翅目害虫，用颗粒剂做土壤处理，可防治地下害虫。

【使用方法】防治小麦蚜虫，亩用有效成分 0.6～0.9 克（例如 3％乳油 20～30 毫升），在小麦穗期蚜虫初发生期喷雾施药。

防治棉花蚜虫，亩用有效成分 0.45～0.6 克（例如 3％乳油 15～20 毫升），在棉蚜初发期喷雾施药，隔 10 天左右再施药 1 次。

防治柑橘潜叶蛾，亩用有效成分浓度 30 毫克/千克（例如 3％乳油 1 000 倍液），于潜叶蛾始盛期、柑橘新梢约 3 毫米时喷施。

防治蔬菜蚜虫，亩用有效成分 0.45～0.6 克（例如 3％乳油 15～20 毫升），在蚜虫始盛发期喷雾施药。

防治苹果蚜虫，亩用有效成分浓度 10 毫克/升（例如 3％乳油 3 000 倍液），在蚜虫发生始盛期喷雾。

【注意事项】

(1) 避免与强碱性农药（波尔多液、石硫合剂）混用，以免分解失效。

(2) 避免污染桑蚕和鱼塘区，药剂对桑蚕有毒，养蚕季节严防污染桑叶。

(3) 不可随意加大使用浓度，当虫量大时，宜与速效性的拟除虫菊酯类药剂混用。

(4) 啶虫脒与吡虫啉有交互抗性，对吡虫啉产生抗药性的害虫不宜再使用啶虫脒。

【主要制剂和生产企业】60％、20％、15％、8％、5％、3％可湿性粉剂；70％、40％、36％、33％、25％、5％水分散粒剂；60％泡腾片剂；20％、5％、3％可溶液剂；10％、5％、3％乳油；5％悬浮剂；3％微乳剂。

山东省青岛瀚生生物科技股份有限公司、江苏克胜集团股份有限公司、河北威远生化股份有限公司、安徽华星化工股份有限公司、日本曹达株式会社等。

二、小麦杀虫剂作用机理分类表

主要组和主要作用位点	化学结构亚组和代表性有效成分	举　例
1. 乙酰胆碱酯酶抑制剂	1A 氨基甲酸酯	抗蚜威、灭多威
	1B 有机磷	毒死蜱、氧化乐果、辛硫磷、二嗪磷、倍硫磷、马拉硫磷、敌百虫、敌敌畏、乙酰甲胺磷、哒嗪硫磷
3. 钠离子通道调节剂	3A 拟除虫菊酯类杀虫剂 天然除虫菊酯	高效氯氟氰菊酯、溴氰菊酯、氯氰菊酯、氰戊菊酯、联苯菊酯、高效氯氰菊酯
4. 烟碱乙酰胆碱受体促进剂	4A 新烟碱类	啶虫脒、吡虫啉、氯噻啉
9. 同翅目选择性取食阻滞剂	9B 吡蚜酮	吡蚜酮
15. 几丁质生物合成抑制剂，0类型，鳞翅目昆虫	几丁质合成抑制杀虫剂	除虫脲

三、小麦害虫轮换用药防治方案

防治麦蚜：

抽穗至灌浆期，首次防治可选用第 1A 组杀虫剂抗蚜威，第 4 组杀虫剂吡虫啉、啶虫脒；第二次防治可选用第 3 组杀虫剂高效氯氟氰菊酯，第 9 组杀虫剂吡蚜酮，第 1B 组杀虫剂毒死蜱、敌敌畏。

防治黏虫：

首次防治可选用第 1B 组杀虫剂敌百虫、马拉硫磷；第二次防治可选用第 3 组杀虫剂高效氯氟氰菊酯，高效氯氰菊酯，第 15 组杀虫剂除虫脲。

防治吸浆虫：

返青至抽穗前期防治可选用第 1B 组杀虫剂毒死蜱、倍硫磷；穗期防治可选用第 4A 组杀虫剂啶虫脒，第 3A 组杀虫剂高效氯氟氰菊酯、高效氯氰菊酯等。

防治地下害虫：

播种期防治可选用第 4 组杀虫剂吡虫啉、啶虫脒（拌种处理）；返青期防治可选用第 1B 组杀虫剂辛硫磷、二嗪磷（灌根或毒土处理）。

第五章

棉花害虫轮换用药防治方案

一、棉花杀虫剂重点产品介绍

丁硫克百威（carbosulfan）

【作用机理分类】第1组（1A）

【化学结构式】

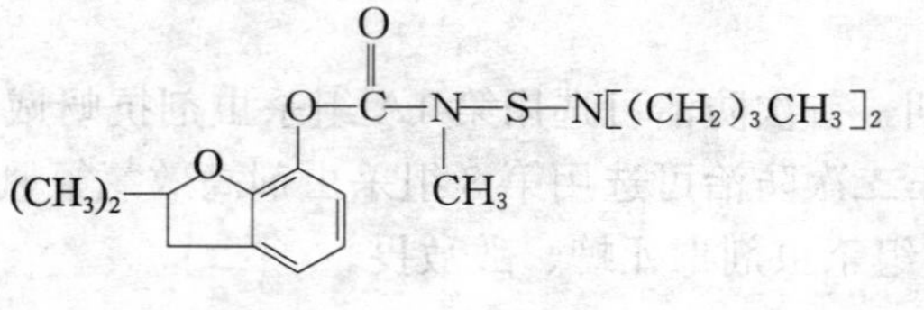

【曾用名】好年冬、稻拌威、好安威、拌得乐、安棉特

【理化性质】原药为褐色黏稠液体。沸点：124～128 ℃。蒸气压：0.04毫帕。25 ℃下溶解性：水中0.03毫克/升，与丙酮、二氯甲烷、乙醇、二甲苯互溶。稳定性：在乙酸乙酯中60 ℃下稳定，在pH＜7时分解。

【毒性】中等毒。雄、雌大鼠急性经口LD_{50}分别为有效成分250毫克/千克和185毫克/千克，兔急性经皮LD_{50}＞2 000毫克/千克，雄、雌大鼠急性吸入LC_{50}（1小时）分别为1.35毫克/升（空气）和0.61毫克/升（空气），大鼠和小鼠两年饲喂无作用（致突变）剂量为20毫克/千克。人每日允许摄入量0.01毫克/千克（体重）。雉、野鸭、鹌鹑的急性经口LD_{50}分别为26毫克/千克、8.1毫克/千克、23毫克/千克。对鱼LC_{50}（96小时）：蓝鳃鱼0.015毫克/升，鳟鱼0.042毫克/升，鲤鱼（48小时）0.55毫克/千克。

【防治对象】丁硫克百威具有触杀、胃毒和内吸作用，杀虫谱广，持效期长，是剧毒农药克百威较理想的替代品种之一，在昆虫体内代谢为有毒的克百威起杀虫作用，其杀虫机制是干扰昆虫神经系统。能防治柑橘、马铃薯、水稻、甜菜等作物的蚜虫、螨、金针虫、甜菜跳甲、马铃薯甲虫、果树卷叶蛾、苹瘿蚊、苹果蠹蛾、茶微叶蝉、梨小食心虫和介壳虫等。做土壤处理，可防治地下害虫。对蚜虫、柑橘锈壁虱等有很高的杀灭效果；见效快、持效期长，施药后20分钟即发挥作用，并有较长的持效期。

【使用方法】

（1）防治棉花蚜虫，推荐使用有效成分6～9克/亩。在棉蚜初发期喷雾施药，10天左右一次。

（2）防治小麦蚜虫，有效成分6～8克/亩（例如20%乳油30～40毫升/亩）在田间蚜虫始盛期（百株蚜量500头左右）喷雾施药。

（3）防治稻飞虱和叶蝉，在二、三龄若虫盛发期施药，亩用20%乳油150～200毫升，对水喷雾，一般用药2次。防治秧苗蓟马用种子量的0.2%～0.4%处理种子。

【对天敌和有益生物的影响】丁硫克百威对黑肩绿盲蝽等捕食性天敌有一定杀伤力。

【注意事项】

（1）本品为中等毒农药，在使用、运输、储藏中应遵守全操作规程，操作时必须戴好手套，穿好操作服等。储运时，严防潮湿和日晒，不能与食物、种子、饲料混放。存放于阴凉干燥处，应避光、防水、避火源。

（2）不能与酸性或强碱性物质混用，但可与中性物质混用。可与多种杀虫剂（如吡虫啉）、杀菌剂混配，以提高杀虫效果和扩大应用范围。在稻田施用时，不能与敌稗、灭草灵等除草剂同时使用，施用敌稗应在施用丁硫克百威前3～4天进行，或在施用丁硫克百威后30天进行，以防产生药害。

（3）喷洒时力求均匀周到，尤其是主靶标。同时，防止从口鼻等吸入，操作完后必须洗手、更衣。因操作不当引起中毒事故，应送医院急救，可用阿托品解毒。

（4）对水稻三化螟和稻纵卷叶螟防治效果不好，不宜使用。在蔬菜收获前25天严禁使用。

（5）对鱼类高毒，养鱼稻田不可使用，防止施药田水流入鱼塘。

（6）温度较低时，对防治小麦蚜虫效果有影响。

【主要制剂和生产企业】200 克/升、150 克/升、20％、5％乳油；350 克/升、35％干粉剂；10％微乳剂；5％颗粒剂。

湖南海利化工股份有限公司、山东省青岛瀚生生物科技股份有限公司、江苏省苏州富美实植物保护剂有限公司、浙江天一农化有限公司、河北省石家庄市伊诺生化有限公司、美国富美实公司等。

甲萘威（carbaryl）

【作用机理分类】第 1 组（1A）

【化学结构式】

【理化性质】纯品为白色结晶或微红色结晶状固体，工业品略带灰色或粉红色。熔点：145 ℃。相对密度：1.23。饱和蒸气压：0.67 帕（26 ℃）。在水中溶解度：120 毫克/升（20 ℃）。溶于乙醇、苯、丙酮等多数有机溶剂，溶解性（20 ℃）：二甲基甲酰胺 450 克/升、混甲酚 350 克/升、丙酮 200 克/升、环己酮 200 克/升、甲基乙基酮 150 克/升、氯仿 100 克/升、乙醇 50 克/升、甲苯 10 克/升、二甲苯 10 克/升、煤油＜1％。

【毒性】中等毒。大白鼠急性经口 LD_{50} 250～560 毫克/千克，小鼠急性经口 LD_{50} 171～200 毫克/千克。大白鼠急性经皮 LD_{50} 4 000 毫克/千克。对鱼类毒性小，红鲤鱼 TLm（48 小时）30.2 毫克/千克。小野鸭急性经口 LD_{50}＞2 179毫克/千克，野鸡 LD_{50}＞2 000 毫克/千克，虹鳟鱼 LC_{50}（96 小时）1.3 毫克/升，蓝鳃太阳鱼 LC_{50} 10 毫克/升。对天敌、蜜蜂高毒，蜜蜂 LD_{50} 1 微克/头，不宜在植物开花期或养蜂区使用。

【防治对象】甲萘威具有触杀、胃毒和弱内吸作用，用于棉花、水稻、蔬菜、玉米、马铃薯、芒果、香蕉、核桃、花生、大豆、谷类、观赏植物、林木等植物上的蚜虫、稻纵卷叶螟、稻苞虫、棉铃虫、红铃虫、斜纹夜蛾、棉卷叶虫、桃小食心虫、苹果刺蛾、茶小绿叶蝉、茶毛虫、桑尺蠖、大豆食心虫等的防治。还可防治草皮中的蚯蚓。用作果树疏果的生长调节剂，也可用于防治动物体外的寄生虫。

【使用方法】

（1）防治棉花上的棉铃虫、红铃虫，在卵孵化盛期或低龄幼虫期，每亩用 85％可湿性粉剂 100～150 克，或用 25％可湿性粉剂 100～260 克，对水均匀喷雾。防治蚜虫，在发生期，每亩用 25％可湿性粉剂 100～260 克，对水均匀喷雾。

（2）防治水稻上的稻飞虱、叶蝉，在害虫发生期，每亩用 85％可湿性粉剂 60～100 克，或用 25％可湿性粉剂 200～260 克，对水均匀喷雾。

（3）防治烟草上的烟青虫，在卵孵化盛期或低龄幼虫期，每亩用 25％可湿性粉剂 100～260 克，对水均匀喷雾。

（4）防治豆类作物的造桥虫，在卵孵化盛期或低龄幼虫期，每亩用 25％可湿性粉剂 200～260 克，对水均匀喷雾。

【注意事项】西瓜对甲萘威敏感，不宜使用；其他瓜类应先作药害试验，有些地区反映，用甲萘威防治苹果食心虫后，促使叶螨发生，应注意观察。

【主要制剂和生产企业】85％、25％可湿性粉剂。

江苏常隆化工有限公司、江苏省快达农化股份有限公司、江西省海利贵溪化工农药有限公司等。

灭多威（methomyl）

【作用机理分类】第 1 组（1A）

【化学结构式】

$$\text{H}_3\text{C} \overset{\text{O}}{\underset{\text{H}}{\text{N}-\text{C}}} - \text{O} - \text{N} = \text{C} \overset{\text{CH}_3}{\underset{\text{S}-\text{CH}_3}{}}$$

【理化性质】纯品为白色晶体。熔点：78～79 ℃。沸点：144 ℃。蒸气压：6.67 毫帕（25 ℃）。密度：1.295 克/升。25 ℃时的溶解度：水中 58 克/升、丙酮中 730 克/升、乙醇中 420 克/升、甲醇中 1 000 克/升、异丙酮中 220 克/升、甲苯中 30 克/升。在碱性介质中、高温下或受日光照射均易分解。

【毒性】高毒。大鼠急性经口 LD_{50} 17～24 毫克/千克，白兔经皮 LD_{50}＞5 000毫克/千克。对眼睛和皮肤有轻微刺激作用，在试验剂量下无致畸、致突变、致癌作用，无慢性毒性。

【防治对象】灭多威具有触杀、胃毒、杀卵等多种杀虫机能，无内吸、熏蒸作用。对棉铃虫、棉叶潜蛾、蚜虫、蓟马、黏虫、甘蓝银纺夜娥、烟草卷叶虫、烟草天蛾、苹果蠹蛾等十分有效，对水稻螟虫、飞虱以及果树害虫等都有很好的防治效果。适用于棉花、烟草、蔬菜、果树上防治鳞翅目、同翅目、鞘翅目及其他害虫。

【使用方法】用于防治棉铃虫、棉潜叶蛾、棉铃象甲等，亩用 24％水剂 160～240 毫升对水喷雾。常与拟除虫菊酯类杀虫剂混合使用，可延缓害虫产生抗药性。

【对天敌和有益生物的影响】灭多威对七星瓢虫有一定的杀伤作用。对鸟、蜜蜂、鱼有毒。

【注意事项】

(1) 本品高毒，在储运施药等过程中应注意安全。严格按农药安全使用规范操作，预防中毒。灭多威易燃，应远离火源。

(2) 勿与碱性农药如波尔多液、石硫合剂混用；勿与含铁、锡的农药混用。

(3) 在棉花上使用浓度不得超过 3 000 倍，要避开高温施药，否则会产生药害。

(4) 中毒应马上送医院治疗，解毒药为阿托品。

【主要制剂和生产企业】24％水溶性液剂；20％乳油。

江苏常隆农化有限公司、江苏省盐城利民农化有限公司、山东华阳科技股份有限公司、山东省青岛东生药业有限公司、上海升联化工有限公司、湖南岳阳安达化工有限公司等。

辛硫磷（phoxim）

【作用机理分类】第 1 组（1B）

【化学结构式】

【曾用名】倍腈松、倍氰松、肟硫磷、肟腈磷、肟磷、腈肟磷

【理化性质】纯品为淡黄色液体。熔点：5～6 ℃。沸点：102 ℃（1.33 帕）。密度：1.176。折射率：1.539 5（22 ℃）。难溶于水，20 ℃时溶解度为

7毫克/升，稍溶于丙酮、苯、氯仿、二甲基亚砜、甲醇、二甲苯等，微溶于石油醚。在中性或酸性条件下稳定，在碱性条件下不稳定，阳光照射下不稳定，蒸馏时分解。

【毒性】低毒。大白鼠急性经口 LD_{50} 1 976毫克/千克（雌），2 170毫克/千克（雄）；急性经皮 LD_{50} 1 000毫克/千克。狗急性经口 LD_{50} 250毫克/千克；猫急性经口 LD_{50} 500毫克/千克（雌）。兔急性经口 LD_{50} 250～375毫克/千克。对鱼类毒性大，鲤鱼 TL_{50}（50小时）0.1～1毫克/升，金鱼为1～10毫克/升。

【防治对象】辛硫磷对害虫以触杀和胃毒作用为主，击倒力强，无内吸作用。对鳞翅目幼虫药效显著，对仓库害虫和蚊、蝇等卫生害虫有特效，有一定的杀卵作用。叶面施用持效期较短，无残留。可用于棉花、谷物、大豆、茶、桑、烟及果树、蔬菜、林木等植物，防治蚜虫、蓟马、叶蝉、麦叶蜂、菜青虫、黏虫、卷叶蛾、梨星毛虫、稻飞虱、稻苞虫、棉铃虫、红铃虫、松毛虫、叶蝉。在田间使用，因对光不稳定，很快分解失效，所以，残效期很短，残留危险性极小。但该药施入土中，残效期可达1～2个月，适合于防治小地老虎、根蛆、金针虫、越冬代桃小食心虫等地下害虫，特别是对花生、大豆、小麦的蛴螬、蝼蛄等地下害虫有良好防治效果，对小麦、玉米、花生、大豆进行种子处理，防治蝼蛄、金针虫、蛴螬等地下害虫效果良好。

【使用方法】

(1) 防治棉花上的棉铃虫、红铃虫　每亩用50％乳油50毫升（有效成分25克），对水50千克喷雾。

(2) 防治小麦地下害虫　用50％乳油100～165毫升（有效成分50～82.5克），用5～7.5千克水稀释后，拌种麦种50千克，拌种时先将麦种摊开均匀，用喷雾器将药液边喷边拌，堆闷2～3小时后即可播种，可有效防治蛴螬、蝼蛄、金针虫等地下害虫。

(3) 防治蔬菜上的菜青虫　每亩用50％乳油24～30毫升（有效成分12～15克），对水50千克喷雾。

【对天敌和有益生物的影响】辛硫磷对龟纹瓢虫、七星瓢虫等捕食性天敌和大草蛉、菜粉蝶绒茧蜂等寄生性天敌有一定的杀伤力。对蜜蜂有毒。

【注意事项】

(1) 黄瓜、菜豆对辛硫磷敏感，50％乳油500～1 000倍液喷雾有药害，甜菜对辛硫磷也较敏感，如拌种、闷种时，应适当降低剂量和缩短闷种时间，以免产生药害。高粱对辛硫磷也较敏感，不宜使用。玉米田只可用颗粒剂防治玉米螟，不宜喷雾防治蚜虫、黏虫等。

（2）药液要随配随用，不能与碱性农药混用。

（3）在光照下易分解，应在阴凉避光处储存。在田间喷雾时最好在傍晚进行。拌闷过的种子也要避光晾干，在暗处存放。

（4）安全间隔期，作物收获前 5 天停止使用。

（5）遇明火、高热可燃。受高热分解，放出高毒的烟气，燃烧（分解）产物为一氧化碳、二氧化碳、氮氧化物、氰化氢、氧化硫、氧化磷。

【主要制剂和生产企业】800 克/升、50%、45%、40%、15%乳油；30%微囊悬浮剂；5%、4%、3%、1.5%颗粒剂。

江苏连云港立本农药化工有限公司、山东鲁南胜邦农药有限公司、山东曹达化工有限公司、广东省惠州市中迅化工有限公司、天津市施普乐农药技术发展有限公司、深圳诺普信农化股份有限公司、天津农药股份有限公司、上海中西药业股份有限公司、江苏省南京红太阳股份有限公司、江苏宝灵化工股份有限公司、河北省农药化工有限公司等。

乙酰甲胺磷（acephate）

【作用机理分类】第 1 组（1B）

【化学结构式】

【理化性质】纯品为白色结晶，熔点：90～91 ℃。工业品为白色固体，纯度大于等于 95%。熔点：92 ℃，沸点：147 ℃，比重：1.35。乳油为浅黄色透明液体，易溶于水、甲醇、乙醇、丙醇等极性溶剂和二氯甲烷、二氯乙烷等卤代烃类。在苯、甲苯、二甲苯中溶解度较小，在碱性介质中易分解。溶解度：水中为 790 克/升（20 ℃）、丙酮中 151 克/升、乙醇中大于 100 克/升、苯中 16 克/升、己烷中 0.1 克/升。

【毒性】低毒。原药大鼠经口 LD_{50} 值，纯品为 823 毫克/千克，工业品为 945 毫克/千克；雄小鼠急性口服 LD_{50} 714 毫克/千克；兔经皮 LD_{50} 2 000 毫克/千克。小猎犬每天给药 1 000 毫克/千克饲喂 1 年未发现任何病变。小鸡经口 LD_{50} 852 毫克/千克。鲫鱼 TL_{50}（48 小时）为 9 550 毫克/千克，白鲢 TL_{50}（48 小时）485 毫克/千克，红鲤鱼 TL_{50}（48 小时）104 毫克/千克。

【防治对象】乙酰甲胺磷对害虫具有胃毒和触杀作用，并可杀卵，有一定熏蒸作用。是缓效型杀虫剂，施药初期效果不明显，2～3 天后效果显著，后效作用强。适用于防治蔬菜、果树、烟草、粮食、油料、棉花等作物上的多种咀嚼式、刺吸式口器害虫和害螨。

【使用方法】

(1) **棉花害虫**　防治棉蚜，在苗蚜发生期，大面积平均有蚜株率达 30％，平均单株蚜量近 10 头，卷叶株率达 5％时施药。每亩用 30％乳油 100～150 毫升（有效成分 30～45 克），对水 50～75 千克均匀喷雾。

防治棉铃虫，红铃虫，棉铃虫主要防治棉田二、三代幼虫，红铃虫防治适期为各代红铃虫发蛾和产卵盛期，每亩用量都为 30％乳油 150～200 毫升，对水 75～100 千克常量喷雾。

(2) **蔬菜害虫**　防治菜青虫，在成虫产卵高峰后 7 天左右，幼虫二、三龄期施药，每亩用 30％乳油 80～120 毫升（有效成分 24～36 克），对水 40～50 千克均匀喷雾。

防治小菜蛾，在一、二龄幼虫盛发期用药，用药量及应用方法同菜青虫。

防治蚜虫，每亩用 30％乳油 50～75 毫升（有效成分 15～22.5 克），对水 50～75 千克均匀喷雾。

防治温室白粉虱，用 40％乳油喷雾，防除若虫、成虫（对卵、蛹基本无效），每隔 5～6 天喷雾 1 次，连续防治 2～3 次。

(3) **水稻害虫**　防治稻纵卷叶螟，施药时期：水稻分蘖期，百蔸二、三龄幼虫量 45～50 头，叶被害率 7％～9％；孕穗抽穗期，百蔸二、三龄幼虫量 25～35 头，叶被害率 3％～5％。每亩用 30％乳油 125～225 毫升（有效成分 37.5～67.5 克），对水 60～75 千克均匀喷雾。

防治稻飞虱，施药时期：在孕穗抽穗期，二、三龄若虫高峰期，百蔸虫量 1 300 头；乳熟期，二、三龄若虫高峰期，百蔸虫量 2 100 头。每亩用 30％乳油 80～150 毫升（有效成分 24～45 克），对水 60～75 千克均匀喷雾。

(4) **果树害虫**　防治桃小食心虫、梨小食心虫，在成虫产卵高峰期，卵果率达 0.5％～1％时施药，用 30％乳油稀释 500～750 倍（有效成分浓度 400～600 毫克/千克），均匀喷雾。

防治柑橘介壳虫，在一龄若虫盛发期，用 30％乳油 300～600 毫升（有效成分浓度 500～1 000 毫克/千克），均匀喷雾。

【对天敌和有益生物的影响】乙酰甲胺磷对日光蜂、拟水狼蛛等天敌有一定的杀伤作用。

【注意事项】

（1）不能与碱性农药混用。

（2）不宜在茶树、桑树上使用。

（3）在蔬菜上施药的安全间隔期不少于7天。

（4）中毒症状为典型的有机磷中毒症状，但病程持续时间较长，乙酰胆碱酯酶恢复较慢。应用碱水或清水彻底清除毒物，用阿托品或解磷啶解毒，注意防止脑水肿。

【主要制剂和生产企业】 40%、30%、20%乳油；25%、20%可湿性粉剂；75%、50%、25%可溶性粉剂；97%水分散粒剂。

重庆农药化工（集团）有限公司、湖北仙隆化工股份有限公司、山东华阳科技股份有限公司、广东省广州市益农生化有限公司、浙江菱化实业股份有限公司、南通维立科化工有限公司等。

氧乐果 （omethoate）

【作用机理分类】 第1组（1B）

【化学结构式】

【曾用名】 氧化乐果

【理化性质】 纯品为无色透明油状液体，可与水、乙醇和烃类等多种溶剂相混溶，微溶于乙醚，几乎不溶于石油醚，在中性及偏酸性介质中较稳定，遇碱易分解。应储存在遮光、阴凉的地方。

【毒性】高毒。原药大鼠经口 LD_{50} 500毫克/千克，急性经皮 LD_{50} 700毫克/千克。无慢性毒性。

【防治对象】 氧乐果具有内吸、触杀和一定胃毒作用，击倒快、高效、广谱、具有杀虫、杀螨等特点，具有强烈的触杀作用和内渗作用，是较理想的根、茎内吸传导性杀虫、杀螨剂，特别适于防治刺吸性害虫，对飞虱、叶蝉、介壳虫及其他刺式口器害虫具有较好防效。

【使用方法】

（1）**棉花害虫** 防治棉蚜，用40%乳油1 500～2 000倍液喷雾；防治红蜘蛛、叶蝉、盲椿象，用 40%乳油 1 500～2 000 倍液喷雾。

（2）果树害虫　防治苹果蚜、螨，用 40%乳油 1 500～2 000 倍液喷雾；防治红蜘蛛，用 40%乳油 1 000～2 000 倍液重点挑治中心虫株；防治橘蚜，用 40%乳油 1 000～1 500 倍液重点喷新梢；矢尖蚧、糠片蚧、褐圆蚧用 40%乳油 1 000～1 200 倍液喷雾。

【对天敌和有益生物的影响】氧乐果对寄生蜂（蚜茧蜂）、瓢虫（七星瓢虫、龟纹瓢虫）、蜘蛛（三突花蟹蛛）以及梭毒隐翅虫等天敌杀伤作用大。

【注意事项】

（1）本品不可与碱性农药混用。水溶液易分解失效，应随配随用。

（2）啤酒花、菊科植物、某些高粱和烟草、枣树、桃、杏、梅、橄榄、无花果、柑橘等作物，对稀释倍数在 1 500 倍以下的氧乐果乳剂敏感，应先作药害试验，再确定使用浓度。

（3）本品对牛、羊、家畜毒性高，喷过药的牧草在 1 个月内不可饲喂，喷药的田地 7～10 天内不得放牧。

（4）使用本品安全间隔期：黄瓜不少于 2 天，青菜不少于 7 天，白菜不少于 10 天，夏季豇豆和四季豆不少于 3 天，其他豆菜不少于 5 天，萝卜不少于 15 天（食叶时不少于 9 天），烟草不少于 5 天，苹果和茶叶不少于 7 天，小麦和高粱不少于 10 天。

（5）中毒症状有头痛、头昏、无力、多汗、恶心、呕吐、胸闷、流涎，并造成猝死。解毒剂可用阿托品，加强监护和保护心脏，防止猝死。

【主要制剂和生产企业】10%、18%、40%乳油。

河北神华药业有限公司、湖北农本化工有限公司、河南省郑州大河农化有限公司、安徽康达化工有限责任公司等。

倍硫磷（fenthion）

【作用机理分类】第 1 组（1B）

【化学结构式】

【理化性质】纯品为无色无臭油状液体，工业品有大蒜气味。沸点：87 ℃（1.33×10⁻³千帕）。相对密度：1.250(20/4 ℃)。折光率：1.569 8。蒸气压：4×10⁻³帕（20 ℃）。溶于甲醇、乙醇、丙酮、甲苯、二甲苯、氯仿及其他许多有机溶剂和甘油。在室温水中的溶解度为 54～56 毫克/升。对光和碱性稳定，热稳定性可达 210 ℃。

【毒性】**中等毒**。雄性大白鼠急性经口 LD$_{50}$ 215 毫克/千克，雌性为245毫克/千克。大白鼠急性经皮 LD$_{50}$ 330～500 毫克/千克。对鱼 LC$_{50}$ 约为 1 毫克/千克（48 小时）。对蜜蜂高毒。

【防治对象】倍硫磷对害虫具有触杀和胃毒作用，对作物具有一定渗透性，但无内吸传导作用，杀虫广谱，作用迅速。用于防治棉花、水稻、大豆及果树、蔬菜上的鳞翅目幼虫、蚜虫、叶蝉、飞虱、蓟马、果实蝇、潜叶蝇、介壳虫等多种害虫，对叶螨类有一定药效。

【使用方法】

（1）**棉花害虫**　防治棉铃虫、红铃虫，每亩用 50%乳油 50～100 毫升，对水 75～100 千克喷雾。此剂量可兼治棉蚜、棉红蜘蛛。

（2）**水稻害虫**　防治二化螟、三化螟，每亩用50%乳油 75～150 毫升加细土 75～150 千克制成毒土撒施或对水 50～100 千克喷雾。稻叶蝉、飞虱可用相同剂量喷雾防治。

（3）**蔬菜害虫**　防治菜青虫、菜蚜，每亩用 50%乳油 50 毫升，对水 30～50 千克喷雾。

（4）**果树害虫**　防治桃小食心虫用 50%乳油 1 000～2 000 倍液喷雾。

【注意事项】

（1）对十字花科蔬菜的幼苗及梨、桃、高粱、啤酒花易产生药害。

（2）不能与碱性物质混用。

（3）皮肤接触中毒可用清水或碱性溶液冲洗，忌用高锰酸钾溶液，误服治疗可用硫酸阿托品，但服用阿托品不宜太快、太早，维持时间一般应 3～5 天。

【主要制剂和生产企业】50%乳油、5%颗粒剂。

允发化工（上海）有限公司、浙江嘉化集团股份有限公司、浙江乐吉化工股份有限公司、青岛双收农药化工有限公司等。

喹硫磷（quinalphos）

【作用机理分类】第 1 组（1B）

【化学结构式】

【曾用名】喹恶磷、爱卡士

【理化性质】纯品为无色无味结晶。熔点：31～32 ℃。分解温度：120 ℃。蒸气压：0.35×10^{-6} 千帕（20 ℃）。密度：1.235。水中溶解度低，但易溶于乙醇、甲醇、乙醚、丙酮和芳香烃，微溶于石油醚。遇酸易水解。

【毒性】**中等毒**。大白鼠急性经口 LD_{50} 71 毫克/千克，急性经皮 LD_{50} 1 750毫克/千克，急性吸入 LC_{50} 0.71 毫克/升。对皮肤和眼睛无刺激性，在动物体内蓄积性很少，无慢性毒性，没有致癌、致畸、致突变作用。对鱼有毒，鲤鱼 LC_{50}（96 小时）3.63 毫克/升，虹鳟鱼 0.005 毫克/升。对蜜蜂高毒，LD_{50}（经口）0.07 微克/蜂。鹌鹑（8 天膳食）LC_{50} 66 毫克/千克，野鸭 220 毫克/千克。

【防治对象】喹硫磷具有杀虫、杀螨作用，具有胃毒和触杀作用，无内吸和熏蒸性能，在植物上有良好的渗透性，有一定杀卵作用，在植物上降解速度快，残效期短。适用于水稻、棉花及果树、蔬菜上多种害虫的防治。用于防治水稻、棉花、蔬菜、果树、茶、桑、甘蔗等作物及林木，防治鳞翅目、鞘翅目、双翅目、半翅目、同翅目、缨翅目等刺吸式和咀嚼式口器害虫、钻蛀性害虫及叶螨。撒施颗粒剂防治水稻螟虫、稻瘿蚊和桑瘿蚊，能延长药效期。药液灌心叶可防治玉米螟。由于持效期短，对虫卵效果差。

【使用方法】

（1）**棉花害虫**　防治棉蚜，每亩用 25%乳油 50～60 毫升，对水 50 千克喷雾。防治棉蓟马，每亩用 25%乳油 66～100 毫升，对水 60 千克喷雾。防治棉铃虫，每亩用 25%乳油 133～166 毫升，对水 75 千克喷雾。

（2）**水稻害虫**　防治水稻二化螟，每亩使用有效成分 25～31.25 克（例如 25%乳油 100～125 毫升/亩），在二化螟卵孵高峰期施药。

（3）**蔬菜害虫**　防治菜蚜、菜青虫、红蜘蛛、斜纹夜蛾，每亩用 25%乳油 60～80 毫升，对水 50～60 千克喷雾。

【注意事项】

（1）不能与碱性物质混合使用。

（2）对鱼、水生动物和蜜蜂高毒，不要在鱼塘、河流、养蜂场等处及其周围使用，避免作物开花期使用。

（3）对许多害虫天敌毒力较大，施药期应避开天敌大发生期。

（4）喹硫磷在水稻、柑橘上的安全间隔期分别为 14 天和 28 天，在蔬菜上喷 1 次和 2 次药的安全间隔期分别为 9 天和 24 天。

【主要制剂和生产企业】25％乳油；5％颗粒剂。

四川省化学工业研究设计院等。

二嗪磷（diazinon）

【作用机理分类】第 1 组（1B）

【化学结构式】

【曾用名】地亚农、二嗪农、大亚仙农

【理化性质】纯品为黄色液体。沸点：$83 \sim 84$ ℃（26.6 帕）。蒸气压：12 兆帕（25 ℃）。相对密度：1.11。在水中溶解度（20 ℃）：60 毫克/升，与普通有机溶剂不混溶。100 ℃以上易氧化，中性介质稳定，碱性介质中缓慢水解，酸性介质中加速水解。

【毒性】**中等毒**。大白鼠急性经口 LD_{50} 285 毫克/千克，急性经皮 LD_{50} 455 毫克/千克；小白鼠急性吸入 LC_{50} 630 毫克/米^3。在试验剂量下对动物无致突变、致癌作用。可通过人体皮肤被吸收，对皮肤和眼睛有轻微刺激作用。

【防治对象】二嗪磷对害虫具有触杀、胃毒、熏蒸和一定的内吸作用，有一定杀螨、杀线虫活性，残效期较长。对鳞翅目、同翅目等多种害虫具有良好的防治效果。也可拌种防治多种作物的地下害虫。用于控制大范围作物上的刺吸式口器害虫和食叶害虫，包括苹果、梨、桃、柑橘、葡萄、橄榄、香蕉、菠萝、蔬菜、马铃薯、甜菜、甘蔗、咖啡、可可、茶树等。小麦、玉米、高粱、花生等药剂拌种，可防治蝼蛄、蛴螬等土壤害虫；颗粒剂灌心叶，可防治玉米螟。25％乳油混煤油喷雾，可防治蜚蠊、跳蚤、虱子、苍蝇、蚊子等卫生害虫。

【使用方法】

(1) **棉花害虫**　防治棉蚜,当苗蚜有蚜株率达 30％,单株平均蚜量近 10 头,卷叶率达 5％时,每亩用 50％乳油 40～60 毫升(有效成分 20～30 克),对水 40～60 千克喷雾。

(2) **小麦害虫**　防治小麦吸浆虫,亩用有效成分 100 克(例如 5％颗粒剂 2 000 克),拌毒土 20 千克,在吸浆虫羽化出土时,于麦田中均匀撒施。

(3) **蔬菜害虫**　防治菜青虫,在产卵高峰期后 7 天,幼虫二、三龄期防治。每亩用 50％乳油 40～50 毫升(有效成分 20～25 克),对水 40～50 千克喷雾。

防治韭蛆,亩用有效成分 400 克(例如 5％颗粒剂 8 000 克),将颗粒剂混土均匀后,于韭菜初现症状(叶尖黄、软、倒伏)时撒施;药后要浇足透水,以保证药效。

【对天敌和有益生物的影响】二嗪磷对鸟剧毒,具有极高风险性,对蜜蜂高毒,对鱼中等毒。

【注意事项】

(1) 不可与碱性物质混用。不可与含铜杀菌剂和敌稗混合,在使用敌稗前后 2 周内也不得使用本剂。也不能用铜合金罐、塑料瓶盛装,储存时应放置在阴凉干燥处。

(2) 对蜜蜂高毒,避免作物开花期施药。

(3) 对鸭、鹅毒性大,施药农田不可放鸭。

(4) 本品在水田土壤中半衰期 21 天。一般使用无药害,但一些苹果和莴苣品种较敏感。安全间隔期为 10 天。

(5) 如果是喷洒农药而引起中毒时,应立即使中毒者呕吐,口服 1％～2％苏打水或用清水洗胃;进入眼内时,用大量清水冲洗,滴入磺乙酰钠眼药。中毒者呼吸困难时应输氧,解毒药品有硫酸阿托品、解磷啶等。

【主要制剂和生产企业】60％、50％、30％、25％乳油;40％微乳剂;40 水乳剂;10％、5％、2％颗粒剂。

浙江禾本农药化学有限公司、江苏省南通江山农药化工股份有限公司、江苏宝灵化工股份有限公司、广西安泰化工有限责任公司、日本化药株式会社等。

水胺硫磷 (isocarbophos)

【作用机理分类】第 1 组 (1B)

【化学结构式】

CH_3O S $\\backslash\\backslash$ P O — COOCH$(CH_3)_2$ H_2N

【理化性质】纯品为无色菱形片状晶体。原油为亮黄色或茶褐色黏稠的油状液体，常温下放置过程中逐步析出晶体，熔点：41～44 ℃。经石油醚与乙酸重结晶可得到水胺硫磷纯品（无色结晶），熔点：44～46 ℃，能溶于乙酸、丙酮、苯、乙酸乙酯等有机溶剂，不溶于水，难溶于醚。常温下储存较稳定。

【毒性】**高毒**。大白鼠急性经口 LD$_{50}$（24 小时）28.5 毫克/千克，大白鼠急性经皮 LD$_{50}$（72 小时）447.1 毫克/千克。施药后 14 天在稻谷及稻草中的残留量小于 1 毫克/千克。人体每日最大摄入量（ADI）为 0.003 毫克/千克。在试验剂量下无致突变和致癌作用。无蓄积中毒作用，对皮肤有一定刺激作用。

【防治对象】水胺硫磷对害虫具有触杀、胃毒和杀卵作用。在昆虫体内首先被氧化成毒性更大的水胺氧磷，抑制昆虫体内乙酰胆碱酯酶。对螨类和鳞翅目、同翅目害虫具有很好的防效。主要用于粮食作物、棉花、果树、林木、牧草等，防治叶螨、介壳虫和鳞翅目、同翅目害虫，以及稻瘿蚊、稻象甲、牧草蝗虫等。药液拌种，可防治蛴螬。水胺硫磷不可用于蔬菜、已结果实的果树、近期将采收的茶树、烟草、中草药等作物。叶面喷雾对一般作物安全，但高粱、玉米、豆类较敏感。

【使用方法】

（1）**棉花害虫** 防治棉花红蜘蛛、棉蚜，用 40％乳油 1 000～3 000 倍液喷雾。防治棉铃虫、棉红铃虫，用 40％乳油 1 000～2 000 倍液喷雾。

（2）**水稻害虫** 防治二化螟、三化螟、稻瘿蚊，用 40％乳油 800～1 000 倍液喷雾。防治稻蓟马、稻纵卷叶螟，用 40％乳油 1 200～1 500 倍液喷雾。

【对天敌和有益生物的影响】水胺硫磷对拟水狼蛛、瓢虫等天敌具有一定的杀伤作用。

【主要制剂和生产企业】40％、20％乳油。

湖北仙隆化工股份有限公司、河北威远生物化工股份有限公司、青岛双收农药化工有限公司等。

杀螟硫磷 （fenitrothion）

【作用机理分类】第1组（1B）
【化学结构式】

$$\text{O}_2\text{N}\text{—}\underset{\underset{\text{CH}_3}{|}}{\bigcirc}\text{—O—}\underset{\underset{\text{O—CH}_3}{||}}{\overset{\overset{\text{S}}{||}}{\text{P}}}\text{—O—CH}_3$$

【理化性质】纯品为白色结晶，原药为黄褐色油状液体，微有蒜臭味。密度：1.322。蒸气压：0.80毫帕（20℃）。熔点：0.3℃。沸点：140～145℃（13.3帕）。不溶于水（14毫克/升），但可溶于大多数有机溶剂中，在脂肪烃中溶解度低。遇碱水解，在30℃、0.01摩尔/升氢氧化钠中的半衰期为272分钟，蒸馏会引起异构化。

【毒性】**低毒**。纯度95%以上原药急性口服 LD_{50} 584毫克/千克（雌大鼠），LD_{50} 501毫克/千克（雄大鼠）。原药狗98天亚慢性喂养毒性试验最大无作用剂量：40毫克/（千克·天）；鲤鱼 LC_{50} 8.2毫克/升（48小时）。

【防治对象】杀螟硫磷对害虫有很强的触杀和胃毒作用，并有一定的渗透作用，无内吸和熏蒸作用。残效期中等，杀虫谱广，对水稻螟虫有特效，可有效防治水稻、棉花、蔬菜、果树、茶树、油料等农作物上的鳞翅目、半翅目、同翅目、鞘翅目、缨翅目等多种害虫，对棉红蜘蛛也有较好防治效果，并被广泛用于防治水稻、小麦、玉米等禾谷类原粮仓储害虫如玉米象、谷盗等。

【使用方法】

（1）棉花害虫 防治棉蚜、叶蝉，在发生期每亩用50%乳油50～75毫升（有效成分25～37.5克），对水50～60千克喷雾。防治棉造桥虫、金刚钻，在低龄幼虫期每亩用50%乳油50～75毫升（有效成分25～37.5克），对水50～75千克喷雾。防治棉铃虫、红铃虫，在卵孵盛期每亩用50%乳油50～100毫升（有效成分25～50克），对水75～100千克喷雾。

（2）水稻害虫 防治螟虫，在幼虫初孵期每亩用50%乳油50～75毫升

（有效成分 25～37.5 克），对水 50～60 千克常量喷雾；或对水 3～4 千克低容量喷雾。防治稻飞虱、叶蝉，在发生高峰期每亩用 50％乳油 50～75 毫升（有效成分 25～37.5 克），对水 50～75 千克喷雾。

（3）**蔬菜害虫**　防治菜蚜、猿叶虫，在发生期每亩用 50％乳油 50～75 毫升（有效成分 25～37.5 克），对水 50～60 千克喷雾。

（4）**油料作物害虫**　防治大豆食心虫，于成虫盛发期至幼虫入荚前，每亩用 50％乳油 60 毫升（有效成分 30 克），对水 50～60 千克喷雾。

（5）**果树害虫**　防治桃小食心虫，在幼虫开始蛀果期，用 50％乳油 1 000 倍液（有效成分浓度 500 毫克/千克）喷雾。防治苹果叶蛾、梨星毛虫，在幼虫发生期用 50％乳油 1 000 倍液（有效成分浓度 500 毫克/千克）喷雾。防治介壳虫，在若虫期用 50％乳油 800～1 000 倍液（有效成分浓度 500～625 毫克/千克）喷雾。防治柑橘潜叶蛾，用 50％乳油 2 000～3 000 倍液（有效成分浓度 166～250 毫克/千克）喷雾。

（6）**旱粮害虫**　防治甘薯小象甲，在成虫发生期，每亩用 50％乳油 75～120 毫升（有效成分 37.5～60 克），对水 50～60 千克喷雾。

【对天敌和有益生物的影响】杀螟硫磷对拟水狼蛛、七星瓢虫、异色瓢虫等天敌具有一定的杀伤作用。对蜜蜂高毒。

【注意事项】

（1）不能与碱性农药混用。

（2）对十字花科蔬菜和高粱较敏感，使用时应注意药害问题。

（3）水果、蔬菜在收获前 10～15 天停止用药。

（4）对鱼毒性大，应注意避免对水域的污染。

（5）中毒症状，轻的为头昏、恶心、呕吐，重的出现呼吸困难、神经系统受损、震颤，以至死亡。轻症病人可用温食盐水或 1％肥皂水洗胃；并注射解毒剂阿托品。重症病人立即送医院就医。

【主要制剂和生产企业】50％、45％乳油。

海利尔药业集团股份有限公司、山东省金农生物化工有限责任公司、浙江嘉化集团股份有限公司、陕西上格之路生物科学有限公司、湖南省金穗农药有限公司等。

哒嗪硫磷（pyridaphenthion）

【作用机理分类】第 1 组（1B）

【化学结构式】

【理化性质】纯品为白色结晶，熔点：54.5～56 ℃。工业原药为淡黄色固体，熔点：53.5～54.5 ℃。48 ℃时蒸气压：25.3 帕。相对密度：1.325。难溶于水，可溶于大多数有机溶剂。对酸、热较稳定，对强碱不稳定。

【毒性】**低毒**。原药急性口服 LD_{50} 850 毫克/千克（雌大鼠）、769.4 毫克/千克（雄大鼠）。急性经皮 LD_{50} 2 100 毫克/千克（雌大鼠）、2 300 毫克/千克（雄大鼠）。

【防治对象】哒嗪硫磷对害虫具有触杀和胃毒作用，兼具杀卵作用，无内吸作用。对多种咀嚼式和刺吸式口器害虫有效，可有效防治棉花、水稻、小麦、蔬菜、果树等农作物上的多种咀嚼式口器和刺吸式口器害虫。特别是对水稻害虫和棉红蜘蛛防效突出。

【使用方法】

（1）棉花害虫 防治棉花红蜘蛛，用 20％乳油 1 000 倍液（每亩用有效成分 15～20 克）喷雾，对成、若螨及螨卵均有显著抑制作用，在重发生年施药 2 次可控制为害。防治蚜虫、棉铃虫、红铃虫、造桥虫，用 20％乳油 500～1 000 倍液（每亩用有效成分 20～40 克）喷雾，或每亩用 2％粉剂 3 千克（有效成分 60 克）喷粉，效果良好。

（2）水稻害虫 防治二化螟、三化螟，在卵块孵化高峰前 1～3 天，每亩用 20％乳油 200～300 毫升（有效成分 40～60 克），对水 100 千克喷雾。防治稻苞虫、稻纵卷叶螟、稻飞虱、叶蝉、蓟马，每亩用 20％乳油 200 毫升（有效成分 40 克），对水 100 千克喷雾。防治稻瘿蚊，每亩用 20％乳油 200～250 毫升（有效成分 40～50 克），对水 75 千克喷雾，或混细土 1.5～2.5 千克撒施。

【注意事项】

（1）不可与碱性农药混用。

（2）不能与 2,4 - D 除草剂同时使用，或两种药剂使用时间间隔太短，否则易发生药害。

（3）中毒急救措施按有机磷农药解毒方法进行。

【主要制剂和生产企业】20％乳油；2％粉剂。

安徽省池州新赛德化工有限公司。

硫丹（endosulfan）

【作用机理分类】第 2 组

【化学结构式】

【曾用名】安杀丹、硕丹、赛丹、雅丹

【理化性质】纯品外观为白色结晶，无臭，原药有效成分含量＞94％。外观为黄棕色固体，α体/β体比例为 7/3，原药有轻微二氧化硫味。密度：1.8克/厘米^3（20℃）。熔点：70～100℃（α体熔点：109℃，β体熔点：213℃）。沸点：106℃。蒸气压：1.2帕（80℃）。相对密度（水＝1）：1.745（20℃），相对蒸气密度（空气＝1）：14.0，饱和蒸气压（千帕）：0.133×10^{-5}（25℃）。水中溶解度 60～150 微克/升，醋酸中 18％，甲苯中 57％，二甲苯中 45％，正辛醇/水中分配比为 4.72×10^4（25℃）。

【毒性】高毒。原药大鼠急性经口 LD$_{50}$ 22.7～160 毫克/千克（雄）、22.7 毫克/千克（雌），兔急性经皮 LD$_{50}$ 359 毫克/千克，大鼠急性经皮 LD$_{50}$＞500 毫克/千克（雌）。对皮肤和眼睛有轻度刺激，无致敏作用。大鼠 13 周喂养试验无作用剂量 10 毫克/千克（饲料）和 0.7 毫克/千克（体重）。大鼠 29 天（6 小时/天）吸入无作用剂量 0.54 毫克/千克（体重）。大鼠 104 周喂养试验无作用剂量 15 毫克/千克（饲料）或 0.6～0.7 毫克/千克（体重）。致突变阴性，经口 1.8 毫克/千克对兔无致畸作用，1.5 毫克/千克对大鼠无致畸作用；对大鼠二代繁殖无不良影响。104 周饲喂大鼠 75 毫克/千克，未见致癌作用。母鸡试验未见迟发性神经毒性。1989 年联合国粮农组织和世界卫生组织联席会议推荐的人体每日允许最大摄入量（ADI）为 0.006 毫克/千克。蜜蜂接触 LD$_{50}$ 7.1 微克/只、经口 LD$_{50}$ 6.9 微克/只。

【防治对象】硫丹兼具触杀、胃毒和熏蒸多种作用。杀虫速度快，对天敌和益虫友好，害虫不易产生抗性。对棉花、果树、蔬菜、茶树、大豆、花生等多种作物害虫、害螨有良好防效。

【使用方法】

（1）**棉花害虫** 防治棉蚜、棉铃虫、斜纹夜蛾、蓟马、造桥虫，350克/升乳油每亩60～130毫升，对水喷雾。

（2）**蔬菜害虫** 防治菜青虫、小菜蛾、菜蚜、甘蓝夜蛾、瓢虫，350克/升乳油每亩30毫升，均匀喷雾。

（3）**茶树害虫** 防治茶尺蠖、茶细蛾、小绿叶蝉、蓟马、茶蚜，350克/升乳油每亩45～130毫升，对水喷雾。

【注意事项】

（1）对鱼高毒，防止药水流入鱼池、河塘。

（2）为有机氯高毒杀虫剂，在我国登记主要用于防治棉铃虫，其他非登记作物上慎用。

【主要制剂和生产企业】350克/升乳油。

德国拜耳作物科学公司、江苏皇马农化有限公司、江苏快达农化股份有限公司等。

茚虫威（indoxacarb）

【作用机理分类】第22A组

【化学结构式】

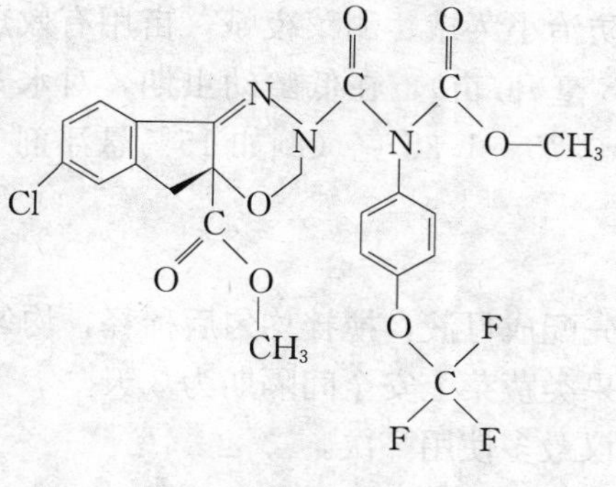

【曾用名】安打

【理化性质】纯品为白色粉末状固体。熔点：88.1℃。密度：1.44（20℃）。蒸气压：9.8×10^{-9}帕（20℃）。水中溶解度：0.2毫克/升。水溶液

稳定性 DT_{50}：30 天（pH＝5）、38 天（pH＝7）、1 天（pH＝9）。

【毒性】微毒。大鼠急性经口 LD_{50}＞5 000 毫克/千克，兔急性经皮 LD_{50}＞2 000 毫克/千克。对兔眼睛和皮肤无刺激。该药剂无致畸、致癌、致突变性。对鸟类及水生生物和非靶标生物也十分安全。鹌鹑、野鸭急性经口 LD_{50}＞2 250 毫克/千克。虹鳟鱼 LC_{50}（96 小时）大于 0.5 毫克/升。

【防治对象】茚虫威具有触杀和胃毒作用，对各龄期幼虫都有效。杀虫作用机理独特，其本身对害虫毒性较低，进入昆虫体内后能被迅速活化并与钠通道蛋白结合，从而破坏昆虫神经系统正常的神经传导，导致靶标害虫协调受损、出现麻痹、最终死亡。但最近有研究发现，茚虫威对神经突触后膜上烟碱型乙酰胆碱受体也有明显的作用，并认为乙酰胆碱受体是茚虫威的主要作用靶标。药剂通过接触和取食进入昆虫体内，0～4 小时内昆虫即停止取食，随即被麻痹，昆虫的协调能力会下降（可导致幼虫从作物上落下），从而极好地保护了靶标作物。一般在药后 24～60 小时内害虫死亡。用于防除几乎所有鳞翅目害虫，如适用于防治甘蓝、花椰菜、芥蓝、番茄、辣椒、黄瓜、小胡瓜、茄子、莴苣、苹果、梨、桃、杏、棉花、马铃薯、葡萄等作物上的甜菜夜蛾、小菜蛾、菜青虫、斜纹夜蛾、甘蓝夜蛾、棉铃虫、烟青虫、银纹夜蛾、粉纹夜蛾、卷叶蛾类、苹果蠹蛾、食心虫、叶蝉、金刚钻、棉大卷叶螟、牧草盲蝽、葡萄长须卷叶蛾、马铃薯块茎蛾、马铃薯甲虫等。

【使用方法】

(1) **棉花害虫** 防治棉铃虫，使用有效成分浓度为 40 毫克/千克（例如 15％悬浮剂 3 750 倍液），于棉铃虫卵孵化盛期喷雾施药。

(2) **蔬菜害虫** 防治小菜蛾、甜菜夜蛾，亩用有效成分 1.5～2.7 克（例如 15％悬浮剂 10～18 毫升/亩），在低龄幼虫期，对水 50 千克喷雾；防治菜青虫，亩用有效成分 0.75～1.35 克（例如 15％悬浮剂 5～9 毫升/亩），对水 50 千克喷雾。

【注意事项】

(1) 使用时必须先配成母液，搅拌均匀后稀释，均匀喷雾。

(2) 在叶菜和茄果类蔬菜上安全间隔期为 3 天。

(3) 每季作物建议最多使用 2 次。

(4) 用足水量。

【主要制剂和生产企业】30％水分散粒剂；15％悬浮剂。

美国杜邦公司。

二、棉花害虫杀虫剂作用机理分类表

主要组和主要 作用位点	化学结构亚组和 代表性有效成分	举　例
1. 乙酰胆碱酯酶抑制剂	1A 氨基甲酸酯	丁硫克百威、硫双威、甲萘威、灭多威、涕灭威
	1B 有机磷	毒死蜱、氧乐果、辛硫磷、丙溴磷、三唑磷、乙酰甲胺磷、敌敌畏、喹硫磷、水胺硫磷、二嗪磷、杀螟硫磷、甲拌磷、倍硫磷、马拉硫磷
2. GABA—门控氯离子通道拮抗剂	2A 环戊二烯类杀虫剂	硫丹
3. 钠离子通道调节剂	3A 拟除虫菊酯类杀虫剂 天然除虫菊酯	高效氯氟氰菊酯、溴氰菊酯、氰戊菊酯、高效氯氰菊酯、氟氯氰菊酯、联苯菊酯、甲氰菊酯、氯菊酯
4. 烟碱乙酰胆碱受体促进剂	4A 新烟碱类	啶虫脒、吡虫啉、烯啶虫胺、噻虫嗪
5. 烟碱乙酰胆碱受体的变构拮抗剂	多杀菌素类杀虫剂	多杀菌素
6. 氯离子通道激活剂	阿维菌素，弥拜霉素类	阿维菌素、甲氨基阿维菌素苯甲酸盐
10. 螨类生长抑制剂	10A 四螨嗪，噻螨酮；螨生长调节剂；四嗪类杀螨剂	噻螨酮
11. 昆虫中肠膜微生物干扰剂（包括表达 Bt 毒素的转基因植物）	苏云金芽孢杆菌或球形芽孢杆菌和他们生产的杀虫蛋白	苏云金杆菌
12. 氧化磷酸化抑制剂（线粒体 ATP 合成酶抑制剂）	12C 炔螨特	炔螨特

(续)

主要组和主要 作用位点	化学结构亚组和 代表性有效成分	举 例
15. 几丁质生物合成抑制剂，0 类型，鳞翅目昆虫	几丁质合成抑制杀虫剂	氟啶脲、氟铃脲、虱螨脲
19. 章鱼胺受体促进剂	双甲脒	双甲脒
21. 线粒体复合物 I 电子传递 抑制剂	21A METI 杀虫剂和杀螨剂	唑螨酯、哒螨灵
22. 电压依赖钠离子通道阻 滞剂	22A 茚虫威	茚虫威
23. 乙酰辅酶 A 羧化酶抑制剂	季酮酸类及其衍生物	螺螨酯

三、棉花害虫杀虫剂轮换使用防治方案

（一）黄河流域棉区棉花害虫轮换用药防治方案

黄河流域棉区转基因抗虫棉种植面积已达 98％以上，棉铃虫、玉米螟等鳞翅目害虫得到有效控制，但棉蚜、棉叶螨、棉盲蝽、棉粉虱等刺吸式害虫的发生却日益严重。

棉花害虫的发生特点：从 5 月上旬至 6 月中旬，棉花苗期发生的主要害虫有地老虎、金龟子（蛴螬）、棉蚜、棉叶螨、烟蓟马等；6 月下旬至 8 月下旬，从棉花蕾期至花铃期发生的害虫种类比较多，主要发生的害虫有棉铃虫、棉盲蝽、棉蚜、棉叶螨、烟粉虱、玉米螟、美洲斑潜蝇、花蓟马等。9 月以后，局部地区还零星发生棉蚜、棉叶螨、甜菜夜蛾等害虫。因此棉花害虫轮换用药防治方案如下。

防治棉蚜：

发生通常有两个高峰期，分别为苗蚜和伏蚜发生期。

防治苗蚜，可以采用药剂拌种或茎叶喷雾，药剂拌种可选用第 4A 组杀虫剂吡虫啉、噻虫嗪；茎叶喷雾防治苗蚜，可选用第 1A 组杀虫剂丁硫克百威、第 4A 组杀虫剂吡虫啉、烯啶虫胺。

防治伏蚜，可选用第 4A 组杀虫剂啶虫脒、噻虫嗪、第 1B 组杀虫剂氧乐果。

防治棉盲蝽：

7～8 月是棉盲蝽高发期，前期防治可选用第 1B 组杀虫剂马拉硫磷、第 3A 组杀虫剂高效氯氟氰菊酯；中期可选用第 6 组杀虫剂阿维菌素或甲氨基苯阿维菌素甲酸盐、第 1A 组杀虫剂硫双威；后期防治使用第 2A 组杀虫剂硫丹、第 4A 组杀虫剂啶虫脒、吡虫啉等。

防治棉叶螨：

从 5 月下旬至 8 月中下旬是棉叶螨发生期，通常有 2～3 个发生高峰。前期防治可选用第 19 组杀螨剂双甲脒，第 21A 组杀螨剂唑螨酯、哒螨灵；中后期防治可选用第 6 组杀虫剂阿维菌素、第 12C 组杀螨剂炔螨特、第 23 组杀螨剂螺螨酯。

防治棉铃虫：

6 月防治，可选用第 3A 组杀虫剂高效氯氟氰菊酯，氟氯氰菊酯，第 1B 组杀虫剂辛硫磷、丙溴磷，第 15 组杀虫剂氟铃脲。

7 月防治，可选用第 1A 组杀虫剂硫双威、第 2A 组杀虫剂硫丹、第 5 组杀虫剂多杀菌素。

8 月防治，可选用第 6 组杀虫剂阿维菌素、甲氨基阿维菌素苯甲酸盐，第 22A 组杀虫剂茚虫威。

防治棉蓟马：

棉蓟马在棉花苗期和花铃期发生比较重，防治棉铃虫的药剂均能起到兼治作用。如需单独防治，第一次防治可选用第 3A 组杀虫剂高效氯氟氰菊酯、第 2A 组杀虫剂硫丹；第二次防治可选用第 1B 组杀虫剂毒死蜱、第 6 组杀虫剂阿维菌素。

（二）长江流域棉区棉花害虫轮换用药防治方案

根据长江流域棉区近年主要以种植转基因棉为主，棉花害虫的发生特点：5～6 月部分地区棉花苗蚜发生，7～9 月是棉铃虫、棉蚜、棉盲蝽的主要为害时期，10 月已基本不防治。

防治棉铃虫：

7 月防治，可使用第 1A 组杀虫剂丁硫克百威、第 15 组杀虫剂氟铃脲、第 1B 组杀虫剂丙溴磷。

8 月防治，可使用第 6 组杀虫剂甲氨基阿维菌素苯甲酸盐、第 1B 组杀虫剂毒死蜱或辛硫磷、第 5 组杀虫剂多杀菌素。

9 月防治，可使用第 2A 组杀虫剂硫丹、第 1A 组杀虫剂硫双威。

防治棉蚜：

5～6 月防治苗蚜，可选用第 1B 组杀虫剂氧乐果、第 3A 组杀虫剂高效氯氟氰菊酯；7～9 月防治伏蚜，可选用第 4A 组杀虫剂啶虫脒、烯啶虫胺、噻虫嗪，第 1A 组杀虫剂丁硫克百威。

防治棉盲蝽：

第一次防治，可选用第 1B 组杀虫剂马拉硫磷、第 6 组杀虫剂甲氨基阿维菌素苯甲酸盐；第二次防治，可选用第 1A 组杀虫剂灭多威、第 3A 组杀虫剂溴氰菊酯。

防治棉叶螨：

第一次防治，可选用第 12C 组杀虫剂炔螨特、螺螨酯；第二次防治，可选用第 3A 组杀虫剂甲氰菊酯、第 6 组杀虫剂阿维菌素（防治棉铃虫时兼治棉叶螨）。

（三）新疆棉区棉花害虫轮换用药防治方案

新疆棉区棉花品种主要以常规棉为主，部分地区也开始种植转基因抗虫棉，棉花害虫发生以南疆棉区较为严重，主要的种类有棉蚜、棉蓟马、棉叶螨以及棉铃虫，其棉蚜和棉叶螨的种类与内地棉区有所不同。

防治棉蚜：

从 5 月中下旬至 7 月均有发生。前期防治，可选用第 1A 组杀虫剂丁硫克百威、第 4A 组杀虫剂烯啶虫胺；中后期防治，可使用第 4A 组杀虫剂吡虫啉、啶虫脒、噻虫嗪，第 2A 组杀虫剂硫丹进行茎叶喷雾。

防治棉叶螨：

从 6 月上旬至 8 月中下旬均有发生，通常有 2～3 个发生高峰。前期防治，可选用第 10A 组杀螨剂噻螨酮，第 21A 组杀螨剂唑螨酯、哒螨灵；中后期防治可选用第 6 组杀虫剂阿维菌素、第 12C 组杀螨剂炔螨特、第 23 组杀螨剂螺螨酯。

防治棉铃虫：

6 月中下旬至 7 月上旬防治，可选用第 2A 组杀虫剂硫丹，第 1B 组杀虫剂毒死蜱、丙溴磷，第 15 组杀虫剂氟铃脲。

7 月下旬至 8 月上旬防治，可选用第 5 组杀虫剂多杀菌素、第 11 组杀虫剂苏云金杆菌、第 22A 组杀虫剂茚虫威。

8 月中下旬防治，可选用第 1A 组杀虫剂硫双威，第 6 组杀虫剂阿维菌素、甲氨基阿维菌素苯甲酸盐。

防治棉蓟马：

棉蓟马在棉花苗期和花铃期发生比较重，防治棉铃虫的药剂均能起到兼治作用。如需单独防治，第一次防治，可选用第 3A 组杀虫剂高效氯氟氰菊酯、第 1B 组杀虫剂毒死蜱；第二次防治，可选用第 2A 组杀虫剂硫丹、第 6 组杀虫剂甲氨基阿维菌素苯甲酸盐。

第六章

果树害虫轮换用药防治方案

SHACHONGJI KEXUE SHIYONG ZHINAN

一、果树杀虫剂重点产品介绍

杀扑磷（methidathion）

【作用机理分类】第 1 组　（1B）

【化学结构式】

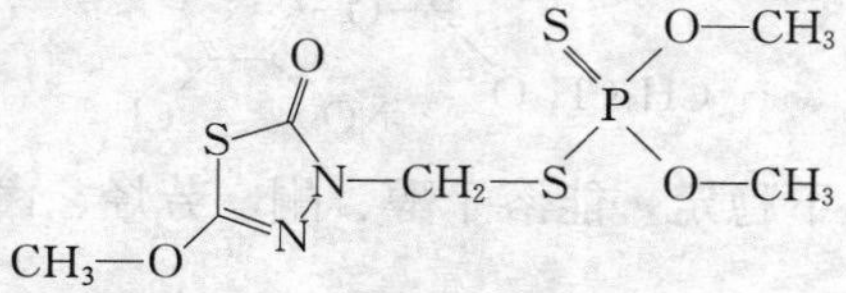

【理化性质】纯品为无色晶体。熔点：39～40 ℃。蒸气压：2.5×10^{-4} 帕（20 ℃）。密度：1.51（20 ℃）。油水分配系数为：2.2。溶解度：水中 200 毫克/升（25 ℃），20 ℃下乙醇 150 克/升、丙酮 670 克/升、甲苯 720 克/升、己烷 11 克/升、正辛醇 14 克/升。在强酸和碱中水解，中性和微酸环境中稳定。

【毒性】高毒。大鼠急性经口 LD_{50} 44 毫克/千克（雄性）、26 毫克/千克（雌性）；经皮 LD_{50} 640 毫克/千克。对眼睛无刺激作用，对皮肤有轻微刺激性。

【防治对象】杀扑磷具有触杀、胃毒和熏蒸作用，能渗入植物组织内，对咀嚼式和刺吸式口器害虫均有杀灭效力，尤其对介壳虫有特效，对螨类有一定的控制作用。适用于果树、棉花、茶树、蔬菜等作物上防治多种害虫，残效期

10～20 天。

【使用方法】矢尖蚧、糠片蚧和蜡蚧，用 40％乳油 750～1 000 倍液均匀喷雾，间隔 20 天再喷一次。

粉蚧、褐圆蚧、红蜡蚧用 40％乳油 600～1 000 倍液均匀喷雾，在卵孵盛期和末期各施药一次。

杀扑磷应在开花前施药，对越冬昆虫和刚孵化幼虫及将孵化的卵都有防效，一般只需施 1 次药。

【注意事项】在果园中喷药浓度不可太高，否则会引起褐色病斑。

【主要制剂和生产企业】40％乳油。

浙江永农化工有限公司、湖北省阳新县华工厂、浙江省台州市大鹏药业有限公司、山东省青岛翰生生物科技股份有限公司、瑞士先正达作物保护有限公司等。

硝虫硫磷（xiaochongliulin）

【作用机理分类】第 1 组　（1B）

【化学结构式】

【理化性质】常温下稳定，能溶于醇、酮、芳烃、卤代烃、乙酸乙酯、乙醚等有机溶剂。

【毒性】中等毒。（大鼠）急性经口：91％硝虫硫磷 LD_{50} 212 毫克/千克；30％硝虫硫磷乳油 LD_{50} 198 毫克/千克。急性经皮：30％硝虫硫磷乳油（大鼠）LD_{50}＞2 000 毫克/千克。99.5％硝虫硫磷纯品，蓄积系数＞5.3，按蓄积性分级标准评定，硝虫硫磷纯品的大鼠经口蓄积性属轻度蓄积。诱变性试验：污染物致突变性检测试验结果表明硝虫硫磷纯品未诱发原核细胞基因突变。微核试验结果表明，无诱发小鼠骨髓细胞染色体断裂作用和纺锤丝毒性。小鼠睾丸体细胞染色体畸变试验结果表明，硝虫硫磷纯品不会引起雄性生殖细胞染色体畸变。对大鼠的阈作用剂量为 4 毫克/千克，无作用剂量为 1 毫克/千克。对鱼 LC_{50} 2.14～3.23 毫克/升，中毒级；对鸟：LD_{50} 5 000 毫克/千克，低毒；蜜蜂：LD_{50}＞170 微克/蜂，低毒；蚕：LC_{50}＞10 000 毫克/升，安全。

【防治对象】硝虫硫磷对害虫具有触杀和胃毒作用，兼具杀卵作用，无内吸作用。对水稻、小麦、棉花及蔬菜等作物的十余种害虫都有很好的防治效果，尤其对柑橘和茶叶等作物的害虫如红蜘蛛、矢尖蚧效果突出，对棉蚜也有一定的防治效果。

【使用方法】防治柑橘介壳虫，亩用有效成分 400 毫克/升（例如 30％乳油 750 倍液），在柑橘介壳虫幼蚧盛孵至低龄若虫期喷雾至叶片完全湿润为止，虫害发生情况较重时，在第一次用药 15 天后视虫量挑治一次。

【注意事项】

（1）储存时，严防日晒，不能与食物、种子、饲料混放。

（2）避免与皮肤、眼睛接触，防止由口吸入，若发生上述情况或中毒，应按处理有机磷农药中毒的办法进行急救和解毒。

（3）不宜与碱性农药混用。

【主要制剂和生产企业】40％乳油。

四川省化工研究设计院。

吡丙醚（pyriproxyfen）

【作用机理分类】第 7 组

【化学结构式】

【曾用名】蚊蝇醚

【理化性质】原药呈淡黄色晶体。熔点：45～47 ℃。蒸气压：133.3×10^{-7}帕（22.8 ℃）。相对密度：1.32(20 ℃)。溶解度：20 ℃下，二甲苯中 500 克/升、己烷中 400 克/升、甲醇中 200 克/升（20 ℃），水中 0.37 毫克/升（25 ℃）。

【毒性】**低毒**。原药大鼠急性经口 LD_{50}＞5 000 毫克/千克，急性经皮 LD_{50}＞2 000 毫克/千克，急性吸入 LC_{50}＞13 000 毫克/升（4 小时）。对眼有轻微刺激作用，无致敏作用。在试验剂量下未见致突变、致畸反应。大鼠 6 个月喂养试验无作用剂量 400 毫克/千克；大鼠 28 天吸入试验无作用剂量 482 毫克/米³，动物吸收、分布、排出迅速。

【防治对象】吡丙醚具有强烈的杀卵活性，同时具有内吸作用，可以影响隐藏在叶片背面的幼虫。对昆虫的抑制作用表现在抑制幼虫蜕皮和成虫繁殖，抑制胚胎发育及卵的孵化，或生成没有生活力的卵，从而有效控制并达到防治害虫的目的。对同翅目、缨翅目、双翅目、鳞翅目害虫具有高效、用药量少、持效期长的特点，对作物安全，对鱼类低毒，对生态环境影响小。具有抑制蚊、蝇幼虫化蛹和羽化的作用。

【使用方法】本品对介壳虫防治效果较好，10.8%乳油稀释成 2 700 倍液喷施。

【注意事项】

（1）对鱼和其他水生生物有毒，避免污染池塘、河流等水域。

（2）远离儿童，密闭储存于阴凉、通风处，避免阳光直射，远离火源。

（3）避免接触眼睛和皮肤，施药时佩戴手套，施药完毕后用肥皂彻底清洗。

【主要制剂和生产企业】5%悬浮剂；10.8%乳油；0.5%颗粒剂；5%可湿性粉剂。

江苏省南通施壮化工有限公司、江苏省南通功成精细化工有限公司、江西安利达化工有限公司、日本住友化学株式会社等。

噻螨酮 （hexythiazox）

【作用机理分类】第 10 组
【化学结构式】

【曾用名】尼索朗
【理化性质】原药为无色晶体。熔点：108.0～108.5 ℃。蒸气压：0.003 4 毫帕（20 ℃）。油水分配系数：340。20 ℃下溶解度：水中 0.5 毫克/升、氯仿中 1 379 克/升、二甲苯中 362 克/升、甲醇中 206 克/升、丙酮中 160 克/升、乙腈中 28.6 克/升、己烷中 4 克/升。对光、热稳定，酸、碱介质中稳定，300 ℃以下稳定。

【毒性】低毒。原药大鼠急性经口、经皮 LD_{50} 均＞5 000 毫克/千克，对家兔眼睛有轻微刺激，对皮肤无刺激作用，对试验动物无"三致"现象。对鱼为中低毒，LC_{50}（96 小时，mg/L）：虹鳟鱼＞300 毫克/升，蓝鳃太阳鱼 11.6 毫克/升，鲤鱼 3.7(48 小时) 毫克/升；对蜂低毒，LD_{50}＞200 微克/蜂（接触）；对禽类低毒，急性经口 LD_{50}：野鸭＞2 510 毫克/千克，日本鹌＞5 000 毫克/千克。半衰期 8 天（15 ℃，黏壤土），土壤吸附系数：6 200，该药属非感温型杀螨剂，在高温或低温时使用效果无显著差异，残效期长，可保持在 50 天左右。

【防治对象】噻螨酮对多种植物害螨具有强烈的杀卵和杀幼、若螨特性，对成螨无效，但对接触药剂的雌成螨所产的卵有抑制孵化作用。温度对药效无影响，持效期长，药效可保持 50 天左右。可防治柑橘、棉花和蔬菜上的许多植食性螨类，对锈螨、瘿螨防效差。在常用浓度下对作物安全，可以和波尔多液、石硫合剂等多种农药混用。

【使用方法】

（1）果树害螨 防治柑橘红蜘蛛，在春季螨害始盛发期，平均每叶有螨 2～3 头时，用 5％乳油 2 000 倍液均匀喷雾。

防治苹果红蜘蛛，在苹果开花前后，平均每叶有螨 3～4 头时用 5％乳油 1 500～2 000 倍液均匀喷雾。

防治山楂红蜘蛛，在越冬成螨出蛰后或害螨发生初期防治，用 5％乳油 1 500～2 000 倍液均匀喷雾。

（2）棉花害螨 防治棉花红蜘蛛，6 月底前，在叶螨点片发生及扩散初期用药，每亩用 5％乳油 60～100 毫升，对水 75～100 千克，在发生中心防治或全面均匀喷雾。

施药时应选早晚气温低、风小时进行，晴天上午 9 时至下午 4 时应停止施药。气温超过 28 ℃、风速超过 4 米/秒、相对湿度低于 65％时应停止施药。

【对天敌和有益生物的影响】噻螨酮对七星瓢虫的幼虫有一定的影响。对鱼有毒，对蜜蜂低毒。

【注意事项】

（1）收获前 28 天禁止使用。

（2）残效期长，每生长季节最多使用 1 次，以防害螨产生抗性。

（3）对成螨无直接杀伤力，要掌握好防治适期。

（4）对柑橘锈螨无效，在用该药剂防治红蜘蛛时应密切注意锈螨的发生为害。

(5) 无内吸性，喷雾要均匀周到。

(6) 万一误服，应让中毒者大量饮水、催吐，保持安静，并立即送医院治疗。

(7) 不宜在茶树上使用。

【主要制剂和生产企业】5%乳油。

江苏克胜集团股份有限公司、浙江禾本农药化学有限公司、浙江省湖州荣盛农药化工有限公司、日本曹达株式会社等。

四螨嗪 （clofentezine）

【作用机理分类】第 10 组

【化学结构式】

【曾用名】螨死净

【理化性质】原药是紫红色晶体，没有气味。比重：270 克/升。熔点：187~189 ℃。蒸气压：<10^{-5} 帕。水中溶解度：0.23(pH 7，25 ℃)，较易溶于丙酮等有机溶剂。常温下储存期为 2 年。

【毒性】低毒。原药大鼠急性经口 LD$_{50}$>3 200 毫克/千克。对人、畜低毒，对鸟类、鱼、虾、蜜蜂及捕食性天敌较为安全，对皮肤和眼睛有轻微刺激性。

【防治对象】四螨嗪对螨卵有较好防效，对幼、若螨也有一定活性，对成螨效果差。无内吸性。因具有亲脂性，渗透作用强，可穿入雌螨卵巢使其产的卵不能孵化，抑制胚胎发育。持效期长，一般可达 50~60 天。但该药剂作用速度较慢，一般用药 2 周后才能达到最高杀螨活性，因此用药前应做好螨害的预测预报。可有效防治柑橘红蜘蛛、四斑黄蜘蛛、柑橘锈壁虱、苹果红蜘蛛、山楂红蜘蛛、棉红蜘蛛和朱砂叶螨等。

【使用方法】

(1) 苹果害螨　防治苹果红蜘蛛，应掌握在苹果开花前，越冬卵初孵盛期施药；防治山楂红蜘蛛，应在苹果落花后，越冬代成螨产卵高峰期施药。用10％可湿性粉剂 800～1 000 倍液，20％悬浮剂 1 000～2 000 倍液，50％悬浮剂 5 000～6 000 倍液均匀喷雾。持效期 30～50 天。

（2）**柑橘害螨**　防治柑橘全爪螨，在早春柑橘发芽后，春梢长至 2～3 厘米，越冬卵孵化初期施药，用10％乳油 800～1 000 倍液，或20％悬浮剂 1 500～2 000 倍液均匀喷雾。开花后气温较高螨类虫口密度较大时，最好与其他杀成螨药剂混用。

防治柑橘锈壁虱，6～9 月每叶有螨 2～3 头或橘园内出现个别受害果时，用50％悬浮剂 4 000～5 000 倍液或10％可湿性粉剂 1 000 倍液喷雾，持效期 30 天以上。

（3）**枣树、梨树红蜘蛛**　防治枣树、梨树红蜘蛛，用20％悬浮剂 2 000～4 000 倍液均匀喷雾。

【注意事项】

（1）四螨嗪人体每日允许摄入量（ADI）为 0.02 毫克/（千克·天）。联合国粮农组织（FAO）和世界卫生组织（WHO）规定的最大残留限量，柑橘为 0.5 毫克/千克，核果（苹果、梨）为 0.2 毫克/千克，黄瓜为 1 毫克/千克。苹果和柑橘上的安全间隔期为 21 天。

（2）可与大多数杀虫剂、杀螨剂和杀菌剂混用，但不提倡与石硫合剂和波尔多液混用。

（3）对成螨效果差，在螨密度较大或气温较高时最好与其他杀成螨药剂混用。在气温较低（15 ℃左右）和虫口密度较小时施用效果好，持效期长。

（4）与噻螨酮有交互抗性，不宜与其交替使用。

（5）配药、施药时，避免药液溅到皮肤和眼睛上。如溅到身上，用肥皂水冲洗，如溅到眼睛内，用清水冲洗至少 15 分钟。

（6）施药后，应彻底清洗手和裸露皮肤。

（7）避免药液和废弃容器污染水塘、沟渠等水源，废容器应妥善处理，不可再用。

（8）将本剂原包装存放于阴凉、通风之处，避免冻结和强光直晒。远离儿童、畜、禽。如误服，请携带标签将患者送至医院治疗。

【主要制剂和生产企业】10％可湿性粉剂，50％、20％悬浮剂。

河北省石家庄市绿丰化工有限公司、江苏省南通宝叶化工有限公司、浙江省杭州庆丰农化有限公司等。

炔螨特（propargite）

【作用机理分类】第 12 组
【化学结构式】

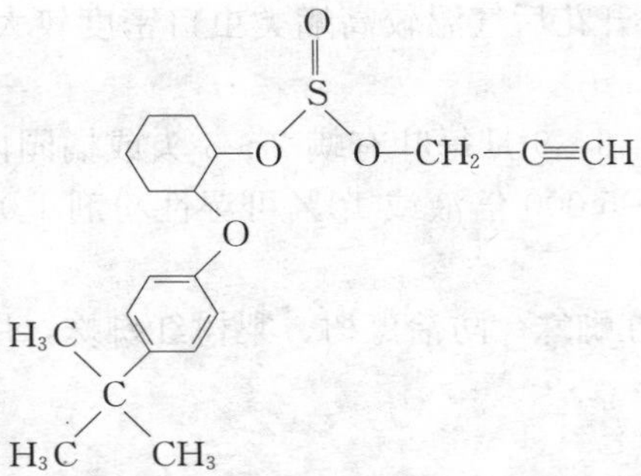

【曾用名】克螨特、锐螨净、杀螨特星、螨排灵、螨必克、仙农螨力尽、益显得、灭螨净、剑效

【理化性质】原药为深红棕色黏稠液体。蒸气压：0.006 毫帕（25 ℃）。密度：1.113 0（20 ℃）。溶解度：水中 632 毫克/升（25 ℃），与许多有机溶剂，如丙酮、苯、乙醇、正己烷、庚烷与甲醇混溶。20 ℃保存 1 年无分解，强酸和强碱中分解（pH＞10）。闪点 71.4 ℃。

【毒性】**低毒**。原药大鼠急性经口 LD_{50} 2 200 毫克/千克，家兔急性经皮 LD_{50} 3 476 毫克/千克，大鼠急性吸入 LC_{50} 2.5 毫克/升，对家兔眼睛、皮肤有严重刺激作用。大鼠亚急性经口无作用剂量为 40 毫克/（千克·天）。无人体中毒报道。对大鼠有致癌作用。

【防治对象】炔螨特具有触杀和胃毒作用，无内吸和渗透传导作用。杀螨谱广，可用于防治苹果、柑橘、棉花、蔬菜、茶、花卉等作物上各种害螨，还可杀灭对其他杀虫剂已产生抗药性的害螨，不论杀成螨、若螨、幼螨及螨卵效果均较好。该药在 20 ℃以上时可提高药效，但在 20 ℃以下随低温递降。

【使用方法】防治柑橘红蜘蛛，于红蜘蛛发生高峰前期施用。25％乳油稀释剂量为 800～1 000 倍液。

【对天敌和有益生物的影响】炔螨特对天敌塔六点蓟马有一定的杀伤作用。对蜜蜂低毒，对鱼类高毒。

【注意事项】

（1）该药剂对鱼类高毒，使用时防止药液进入鱼塘、河流。

（2）炔螨特对柑、橙的新梢、嫩叶、幼果有药害，尤其对甜橙类较重，其次是柑类。梨树和油桃部分品种对炔螨特较敏感，高浓度时苹果果实上会产生绿斑；在炎热潮湿天气下，浓度过高对幼嫩作物易产生药害。

（3）因该药无组织渗透作用，施药时要求均匀周到。

（4）炔螨特不能与波尔多液等碱性农药混用，药后7天内不能喷施波尔多液。

【主要制剂和生产企业】73％、57％、40％、25％乳油。

山东瀚生生物科技股份有限公司、江苏克胜集团股份有限公司、浙江省乐斯化学有限公司、美国科聚亚公司、浙江禾田化工有限公司、浙江禾本农药化学有限公司、浙江东风化工有限公司、江苏常隆化工有限公司、湖北仙隆化工股份有限公司、山东省招远三联远东化学有限公司、新加坡利农私人有限公司、江苏丰山集团有限公司、江苏剑牌农药化工有限公司等。

三唑锡（azocyclotin）

【作用机理分类】第12组

【化学结构式】

【曾用名】三唑环锡、倍乐霸

【理化性质】原药为无色结晶。熔点：210℃。蒸气压0.005帕（25℃）。溶解度（20℃）：水中0.12毫克/升、二氯甲烷中20～50毫克/升、异丙醇中10～20毫克/升、正己烷中0.1～1毫克/升、甲苯中2～5克/升。由于土壤类型不同半衰期为几天到几周。对光和雨水有较好的稳定性，残效期较长。在常用浓度下对作物安全。

【毒性】**中等毒**。对人皮肤和眼黏膜有刺激性。对鱼剧毒，LC_{50}（96小时）虹鳟鱼0.004毫克/升、雅罗鱼0.0093毫克/升；对蜜蜂无毒；对禽类低毒，急性经口LD_{50}：日本鹌144～250毫克/千克。

【防治对象】三唑锡触杀作用较强，可杀灭若螨、成螨和夏卵，对冬卵无效。对光和雨水有较好的稳定性，残效期较长。在常用浓度下对作物安全。适用于苹果、柑橘、葡萄、蔬菜等作物，可防治苹果全爪螨、山楂红蜘蛛、柑橘全爪螨、柑橘锈壁虱、二斑叶螨、棉花红蜘蛛等。

【使用方法】

（1）**柑橘害螨**　防治柑橘红蜘蛛，春梢大量抽发期或成橘园采果后，平均每叶有螨 2～3 头时，用 8％乳油 800～1 000 倍液，或 20％悬浮剂、25％可湿性粉剂 1 000～2 000 倍液均匀喷雾。

防治柑橘全爪螨，当气温在 20 ℃时，平均每叶有螨 5～7 头时即应防治。用 25％可湿性粉剂 1 500～2 000 倍液或每 100 千克水加 25％可湿性粉剂 50～66.7 克，均匀喷雾。

防治柑橘锈壁虱，在春末夏初害螨尚未转移为害果实前施药，用药量同柑橘全爪螨。

（2）**苹果叶螨**　防治苹果红蜘蛛，该螨喜为害新红星、富士、国光等苹果品种，于苹果开花前后，约在 7 月中旬以前，平均每叶有 4～5 头活动螨；或 7 月中旬以后，平均每叶有 7～8 头活动螨时即应防治。用药量同柑橘全爪螨。

（3）**防治山楂红蜘蛛**　防治重点时期是越冬雌成螨上芽为害和在树冠内膛集中时期，防治指标为平均每叶有 4～5 头活动螨。用药量同柑橘红蜘蛛。

【对天敌和有益生物的影响】　三唑锡对异色瓢虫、小花蝽有一定的影响。对鱼类毒性高。

【注意事项】

（1）人体每日允许摄入量（ADI）为 0.003 毫克/（千克·天），苹果中最大残留限量（MRL）为 0.1～2.0 微克/毫升，安全间隔期为 14 天。在山楂和核果上的最大残留限量为 0.1～1.0 微克/毫升。柑橘上的安全间隔期为 30 天。一般在收获前 21 天停止使用。每季作物最多使用次数：苹果为 3 次，柑橘为 2 次。

（2）不能与波尔多液和石硫合剂等碱性农药混用，也不宜与氟氯氰菊酯混用。

（3）对鱼类高毒，使用过程中要避免污染水域。

（4）如有中毒现象，立即将患者置于空气流通处，并保持患者温暖，同时服用大量医用活性炭，并送医院诊治。误服者应催吐、洗胃。

【主要制剂和生产企业】　8％、10％、20％乳油；20％悬浮剂；25％可湿性粉剂。

山东省招远三联化工厂、辽宁省大连广达农药有限责任公司等。

苯丁锡（fenbutatin oxide）

【作用机理分类】第 12 组

【化学结构式】

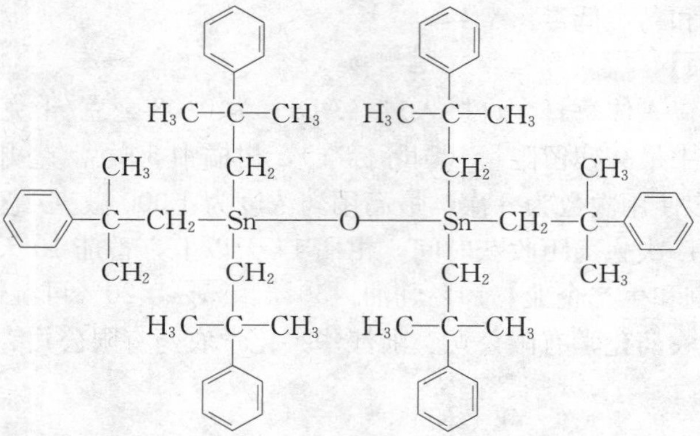

【曾用名】托尔克

【理化性质】原药为无色晶体，熔点：138～139 ℃，蒸气压：85 纳帕（20 ℃），密度：1 290～1 330 千克/米³（20 ℃），油水分配系数：5.2。23 ℃下溶解度：水中 0.005 毫克/升、丙酮中 6 克/升、苯中 140 克/升、二氯甲烷中 380 克/升，微溶于脂肪烃和矿物油中，对光、热稳定，抗氧化。

【毒性】低毒。原药大鼠急性经口 LD_{50} 2 631 毫克/千克、经皮 LD_{50} > 1 000 毫克/千克。对眼睛黏膜、皮肤和呼吸道刺激性较大。

【防治对象】苯丁锡对害螨以触杀作用为主，施药后开始毒力缓慢，3 天后活性增强，到第 14 天达高峰。持效期可达 2～5 个月。对幼螨和成、若螨的杀伤力较强，但对卵杀伤力弱。该剂为感温型杀螨剂，气温在 22 ℃以上时药效提高，22 ℃以下活性降低，低于 15 ℃药效较差，在冬季不宜使用。用于柑橘、葡萄等果树和观赏植物，可有效防治多种活动期的植食性害螨。

【使用方法】

（1）果树害螨　防治柑橘红蜘蛛，在 4 月下旬到 5 月份；防治柑橘锈螨，在柑橘坐果期和果实虫口增长期；防治苹果红蜘蛛，在夏季害螨盛发期防治，使用浓度为 10％乳油 500～800 倍液，25％可湿性粉剂 1 000～1 500 倍液，50％可湿性粉剂 2 000～3 000 倍液均匀喷雾。持效期 1～2 个月。

（2）茶树害螨　防治茶橙瘿螨、茶短须螨，在茶叶非采摘期，于发生中心进行点片防治，发生高峰期全面防治。用50％可湿性粉剂1 500倍液均匀喷雾。茶叶害螨大多集中在叶背和茶丛中下部为害，喷雾一定要均匀周到。

（3）**花卉害螨**　防治菊花叶螨、玫瑰叶螨，在发生期用50％可湿性粉剂1 000倍液，在叶面和叶背均匀喷雾。

【对天敌和有益生物的影响】苯丁锡对七星瓢虫幼虫有一定的影响。对鱼高毒，对蜜蜂和鸟类低毒。

【注意事项】

（1）苯丁锡人体每日允许摄入量（ADI）为0.03毫克/千克。

（2）作物中最高残留限量（国际标准），柑橘中5微克/毫升，番茄中1微克/毫升，最多使用次数为6次，最高用药浓度为1 000微克/毫升。

（3）最后一次施药距收获时间，柑橘14天以上，番茄10天。

【主要制剂和生产企业】10％乳油；50％、25％、20％可湿性粉剂。

浙江禾本农药化学有限公司、浙江华兴化学农药有限公司、日本日东化成株式会社等。

氟虫脲（flufenoxuron）

【作用机理分类】第15组

【化学结构式】

【曾用名】氟芬隆

【理化性质】纯品为无色晶体。熔点：169～172℃（分解）。溶解度：不溶于水，4微克/升（20℃），丙酮中74克/升（15℃）、82克/升（25℃）、二甲苯中6克/升（15℃）、二氯甲烷中24克/升（25℃）、己烷中0.023克/升（20℃）。有好的水解性、光稳定性和热稳定性。

【毒性】低毒。原药大鼠急性经口LD_{50}>3 000毫克/千克，大鼠和小鼠急性经皮LC_{50}>2 000毫克/千克，鹌鹑急性经口LD_{50}>2 000毫克/千克。对兔眼睛和皮肤无刺激作用。对虹鳟鱼LC_{50}（96小时）>100毫克/升。

【防治对象】氟虫脲具有触杀和胃毒作用，并有很好的叶面滞留性，持效期长。其杀虫活性、杀虫谱和作用速度均具特色，尤其对未成熟阶段的螨和害虫有很高的活性，杀螨、杀虫作用缓慢，但施药后 2～3 小时害虫或害螨停止取食，3～10 天左右药效明显上升。广泛用于柑橘、苹果、葡萄及其他果树、棉花、蔬菜、大豆、玉米和咖啡上，防治植食性螨类（刺瘿螨、短须螨、全爪螨、锈螨、红叶螨等）和鳞翅目、鞘翅目、双翅目、半翅目等害虫，都有很好的持效作用。对叶螨属和全爪螨属等多种害螨有效，杀幼、若螨效果好，不能直接杀死成螨，但接触药的雌成螨产卵量减少，可导致不育或所产的卵不孵化。

【使用方法】

（1）苹果叶螨　在苹果开花前、后越冬代和第一代若螨集中发生期施药，可兼治越冬代卷叶虫。因夏季成螨和卵量较多，而该药剂对这两种虫态直接杀伤力较差，故盛夏期喷药防治效果不及前期同浓度效果好。苹果开花前后用 5％可分散液剂 500～1 000 倍液均匀喷雾。

（2）柑橘害虫、叶螨　防治柑橘红蜘蛛，于卵孵盛期施药，浓度同防治苹果叶螨。防治柑橘潜叶蛾，于卵孵盛期，用 5％可分散液剂 1 000～2 000 倍液均匀喷雾。

（3）棉花红蜘蛛　在若、成螨发生期，平均每叶螨数 2～3 头时，用 5％可分散液剂 1 000 倍液均匀喷雾。

【对天敌和有益生物的影响】氟虫脲对蚜茧蜂的杀伤作用较大。对鱼类毒性低。

【注意事项】

（1）苹果上应在收获前 70 天用药，柑橘应在收获前 50 天用药。要求喷雾均匀周到。

（2）一个生长季节最多只能用药 2 次。施药时间应较一般有机磷、拟除虫菊酯类杀虫剂提前 3 天左右，对害螨宜在幼、若螨发生期施药。

（3）不宜与碱性农药混用，否则会减效。间隔使用最好先喷氟虫脲防治叶螨，10 天后再喷波尔多液防治病害。若倒过来使用，间隔期要更长。

（4）对甲壳纲水生生物毒性较高，避免污染自然水源。

（5）不慎药剂接触皮肤或眼睛，应用大量清水冲洗干净。如误服，不要催吐，请医生对症治疗，可以洗胃。避免吸入肺部，以免溶剂刺激引起肺炎。

【主要制剂和生产企业】5％可分散液剂。

山东省威海市农药厂、江苏中旗化工有限公司等。

杀铃脲（triflumuron）

【作用机理分类】第 15 组

【化学结构式】

【理化性质】纯品为无臭、无味、无色结晶固体。熔点：195 ℃。蒸气压：$4×10^{-5}$ 毫帕（20 ℃）。不溶于水及极性有机溶剂，微溶于丙酮，可溶于二甲基甲酰胺。原药有效成分含量≥92%。在中性介质和酸性介质中稳定，在碱性介质中水解。

【毒性】**低毒**。原药大鼠、小鼠急性经口 LD_{50}＞5 000 毫克/千克；大鼠急性经皮 LD_{50}＞5 000 毫克/千克；大鼠急性吸入 LC_{50}＞0.12 毫克/升（空气）。对兔眼黏膜和皮肤无明显刺激作用。试验结果表明，在动物体外无明显的蓄积毒性，未见致癌、致畸、致突变作用。对鱼和鸟类低毒，金鱼 TL_{50}（96 小时）95.5 毫克/升，但对水生甲壳动物幼体有害。对蜜蜂无毒。

【防治对象】杀铃脲对昆虫主要是胃毒作用，有一定的触杀作用，但无内吸作用，有良好的杀卵作用。能抑制昆虫几丁质合成酶的形成，干扰几丁质在表皮的沉积作用，导致昆虫不能正常蜕皮变态而死亡。该药剂具有杀虫谱广、用量少、毒性低、残留低、残效期长等特点，可用于防治玉米、棉花、大豆及果树、蔬菜和林木上的鳞翅目、鞘翅目、双翅目和同翅目等害虫及卫生害虫，持效期可达 27 天。

【使用方法】

（1）**果树害虫**　防治柑橘潜叶蛾，在卵孵盛期施药，常量喷雾用 40%悬浮剂稀释 5 000～7 000 倍喷雾。

防治苹果金纹细蛾，在卵孵盛期施药，常量喷雾用 20%悬浮剂稀释 5 000～6 000 倍喷雾。

（2）**棉花害虫**　防治棉铃虫，在卵孵盛期施药，常量喷雾每亩用 5%悬浮剂 100～160 克，或用 25%悬浮剂 20～35 克，对水 50～75 千克，即分别稀释 400～800 倍液和 1 000～2 000 倍液；低容量喷雾，每亩用 5%悬浮剂 60～80 克，或用 25%悬浮剂 12～16 克，对水 10 千克。

【注意事项】

（1）储存有沉淀现象，需摇匀后使用，不影响药效。

（2）为提高药剂作用速度，可与拟除虫菊酯类农药混合使用，施药比例为2∶1。

（3）不能与碱性农药混用。

（4）对虾、蟹幼体有害，对成体无害。

【主要制剂和生产企业】40％、25％、20％、5％悬浮剂。

吉林省通化绿地农药化学有限公司、吉林省通化农药化工股份有限公司等。

双甲脒（amitraz）

【作用机理分类】第19组

【化学结构式】

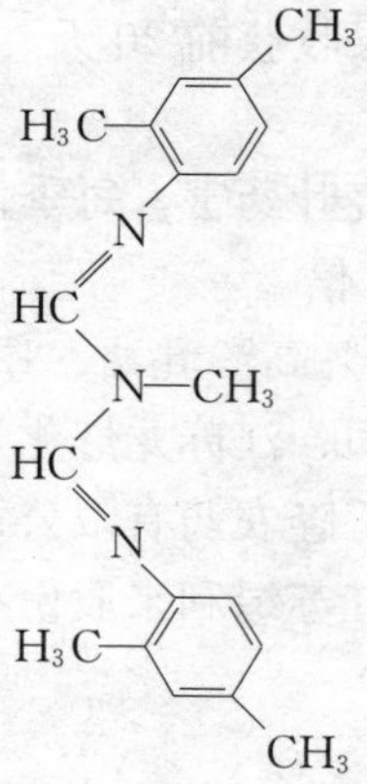

【曾用名】螨克

【理化性质】原药为白色或浅黄色固体。比重：1.128（20 ℃）；熔点：86～88 ℃，25 ℃时蒸气压：0.34 毫帕；常温下在水中溶解度很低，可溶于二甲苯、丙酮和甲苯等多种有机溶剂。紫外光影响较小。

【毒性】中等毒。原药大鼠急性经口 LD_{50} 500～600 毫克/千克，大鼠急性经皮 LC_{50} 65 毫克/千克（6 小时）；对兔眼睛和皮肤无刺激作用，试验条件下无致癌、致畸、致突变作用。

【防治对象】双甲脒对害螨有胃毒和触杀作用，也具有熏蒸、拒食、驱避作用，主要是抑制单胺氧化酶活性。对成、若螨及夏卵有效，对冬卵无效。主要用于果树、蔬菜及茶树、棉花、大豆、甜菜等作物,防治多种害螨,对同翅目害虫如梨黄木虱、橘黄粉虱等也有良好的防效;还对梨小食心虫及各类夜蛾科害虫的卵有效,对蚜虫、棉铃虫、红铃虫等害虫也有一定效果。

【使用方法】

(1) 防治苹果红蜘蛛,用量为有效成分浓度 100~200 毫克/千克(例如20%乳油 1 000~2 000 倍液),在苹果红蜘蛛发生始盛期喷雾,至叶片完全润湿为止。

(2) 防治柑橘红蜘蛛,用量为有效成分浓度 400 毫克/千克(例如 20%乳油 500 倍液),于柑橘红蜘蛛始盛期喷雾。

【对天敌和有益生物的影响】双甲脒对钝绥螨的影响较大。对鱼有毒,对蜜蜂、鸟低毒。

【注意事项】

(1) 对鱼类高毒,使用时应避开养殖区。

(2) 安全用药间隔期:苹果收获前 20 天、果品收获前 15~21 天、棉花收获前 7 天停止用药。

(3) 对短果枝金冠苹果有烧叶药害,每季作物最多使用 2 次。20%乳油最高使用浓度一般不宜超过 1 000 倍。

【主要制剂和生产企业】10%高渗乳油、12.5%、20%乳油。

天津人农药业有限责任公司、江苏龙灯化学有限公司、爱利思达生命科学株式会社、江苏省常州市武进恒隆农药有限公司、江苏省常州华夏农药有限公司、江苏百灵农化有限公司、江苏绿利来股份有限公司等。

哒螨灵 (pyridaben)

【作用机理分类】第 21A 组

【化学结构式】

【曾用名】哒螨酮、速螨酮、扫螨净、灭螨清、螨齐杀、巴斯本、杀螨特、罗螨、通打、绿螨宁、螨虫宁、冠螨星、速克螨、螨磴腿、控螨压虱、八爪清

【理化性质】原药为无色晶体。熔点：111～112 ℃；蒸气压：0.25 毫帕（20 ℃）；密度 1.2（20 ℃）；溶解度（20 ℃）：水中 0.012 毫克/升、丙酮中 460 毫克/升、苯中 110 克/升、二甲苯中 390 克/升、乙醇中 57 克/升、环己烷中 320 克/升、正辛醇中 63 克/升、正己烷中 10 克/升，见光不稳定。在 pH4、7、9 和有机溶剂中（50 ℃），90 天稳定性不变。

【毒性】**低毒**。原药大白鼠急性经口 LD_{50} 820（雌）～1 350（雄）毫克/千克。大白鼠和兔急性经皮 LD_{50}＞2 000 毫克/千克，对兔皮肤和眼睛无刺激性作用。试验条件下无致癌、致畸、致突变作用。

【防治对象】哒螨灵触杀性强，无内吸传导和熏蒸作用。该药不受温度变化的影响，无论早春或秋季使用，均可达到满意效果，可用于防治果树、蔬菜、茶树、烟草及观赏植物上的螨类、粉虱、蚜虫、叶蝉和蓟马等，对叶螨、全爪螨、跗线螨、锈螨和瘿螨的各个生育期（卵、幼螨、若螨和成螨）均有较好效果。对活动期螨作用迅速，持效期长，一般可达 1～2 月。

【使用方法】防治柑橘红蜘蛛，用有效成分浓度 160 毫克/千克在柑橘红蜘蛛发生始盛期叶面喷雾，至柑橘叶片完全湿润为止。

防治苹果树叶螨，用有效成分浓度 100～150 毫克/千克，在苹果红蜘蛛发生始盛期喷雾，至叶片完全润湿为止。

防治棉花红蜘蛛，推荐使用的剂量为有效成分 2.25～3 克/亩，在棉花红蜘蛛始盛发期喷雾施药。

【对天敌和有益生物的影响】哒螨灵对塔六点蓟马、龟纹瓢虫、双斑恩蚜小蜂等天敌有一定的杀伤作用。对鱼、虾、蜜蜂毒性大。

【注意事项】

（1）对鱼、蜜蜂、家蚕有毒，使用时应避开水源、蜜蜂采花期及避免污染桑叶。

（2）对鱼有毒，不可污染水源。

（3）刚施药区禁止人和牲畜进入。

（4）击倒快，残效长，但因无内吸作用，施药时要喷洒均匀。

（5）为了延缓和减轻害螨对哒螨灵产生抗药性，哒螨灵 1 年只宜使用 1～2 次，采果前 30 天停用。

【主要生产企业】10%烟剂，15%、10%乳油；15%片剂；15%水剂；10%微乳剂；20%悬浮剂；20%可溶性粉剂；40%、30%、15%可湿性粉剂。

江苏克胜集团股份有限公司、江苏连云港立本农药化工有限公司、江苏百灵农化有限公司、江苏省南京红太阳股份有限公司、江苏苏化集团新沂农化有限公司、湖北沙隆达股份有限公司、浙江新安化工集团股份有限公司、上海农药厂有限公司、山东省联合农药工业有限公司、江苏扬农化工集团有限公司等。

唑螨酯（fenpyroximate）

【作用机理分类】第 21A 组
【化学结构式】

$$CH_3C \cdots \quad CH=N-O-CH_2 \cdots C_6H_4 \cdots COOC(CH_3)_3$$

【曾用名】霸螨灵

【理化性质】原药为白色或黄色结晶。密度：1.25 克/厘米^3。熔点：101.5～102.4 ℃。蒸气压：0.007 5 毫帕（25 ℃）。溶解度：难溶于水，水中 146 毫克/升（20 ℃）、甲醇中 15 克/升、丙酮中 150 克/升、二氯甲烷中 1 307 克/升、四氢呋喃中 737 克/升（25 ℃）。对酸、碱稳定。

【毒性】**中等毒**。雄大鼠急性经口 LD$_{50}$ 480 毫克/千克，雌大鼠急性经口 LD$_{50}$ 240 毫克/千克，雄、雌大鼠急性经皮 LD$_{50}$＞2 000 毫克/千克，（鹌鹑和野鸭）LD$_{50}$＞2 000 毫克/千克。对兔皮肤无刺激作用，对其眼睛有轻微刺激作用。无致畸、致癌、致突变作用，无蓄积毒性。对鱼、虾、贝类等毒性较高，对鱼毒性 LC$_{50}$（96 小时）：虹鳟鱼 0.079 毫克/升、鲤鱼 0.29 毫克/升。水蚤 LC$_{50}$（24 小时）0.204 毫克/升。对鸟类和家蚕毒性低。对蜜蜂无不良影响，在 250 毫克/升（5 倍推荐剂量）下对蜜蜂无害。对作物安全。

【防治对象】唑螨酯对多种害螨有强烈触杀作用，无内吸性。对害螨各个生育期均有良好防治效果，具有击倒和抑制蜕皮作用。高剂量可直接杀死螨类，低剂量可抑制螨类蜕皮或抑制其产卵。用于防治果树上叶螨、全爪螨和其他植食性螨。适用于多种植物上防治叶螨和全爪螨，对小菜蛾、斜纹夜蛾、二化螟、稻飞虱、桃蚜等害虫也有良好的防治作用。

【使用方法】

（1）苹果叶螨　防治苹果红蜘蛛，在苹果开花前后，越冬卵孵化高峰期施药；防治山楂红蜘蛛，于苹果开花初期，越冬成虫出蛰始盛期施药。也可在螨的各个发生期，苹果开花前后平均每叶有螨 3～4 头，7 月份以后每叶 6～7 头时，用 5％悬浮剂 2 000～3 000 倍液均匀喷雾，持效期可达 30 天以上。

（2）**柑橘害螨**　防治柑橘红蜘蛛，于卵孵盛期或幼、若螨发生期施药，在开花前每叶平均有螨 2 头、开花后或秋季每叶有螨 6 头时，用 5％悬浮剂 1 000～2 000 倍液均匀喷雾，持效期 30 天以上；防治锈壁虱，6～9 月当每叶有螨 2 头以上或结果园出现个别受害果时，用 5％悬浮剂 2 000～3 000 倍液均匀喷雾，持效期 30 天左右。

【注意事项】

（1）对鱼类有毒，施药时避免药液飘移或流入河川、湖泊、鱼塘内，剩余药液或药械洗涤液禁止倒入沟渠、鱼塘内。

（2）蚕接触本药剂会产生拒食现象，在桑园附近施药时，应注意勿使药液飘移污染桑树；因无内吸性，喷药要均匀周到，不可漏喷。

（3）同一作物上，一年只能使用 1 次；在 20 ℃以下时施用药效发挥较慢，有时甚至效果较差；在虫口密度较高时使用持效期较短，最好在害螨发生初期使用。

（4）安全间隔期：在柑橘、苹果、梨、葡萄和茶上为 14 天，在桃上为 7 天，在樱桃上为 21 天，在草莓、西瓜和甜瓜上为 7 天。

【主要制剂和生产企业】5％悬浮剂；5％乳油。

日本农药株式会社、绩溪农华生物科技有限公司等。

喹螨醚（fenazaquin）

【作用机理分类】第 21A 组

【化学结构式】

【理化性质】纯品为晶体。熔点：70～71 ℃；蒸气压：0.013 毫帕（25 ℃）；溶解度：水中 0.22 毫克/升，丙酮中 400 克/升、乙腈中 33 克/升、氯仿中＞500 克/升、己烷中 33 克/升、甲醇中 50 克/升、异丙醇中 50 克/升、甲苯中 50 克/升。

【毒性】**中等毒**。雄大鼠急性经口 LD_{50} 50～500 毫克/千克，小鼠＞500 毫克/千克，鹌鹑＞2 000 毫克/千克，对家兔眼睛和皮肤有刺激性。

【防治对象】喹螨醚对夏卵及幼、若螨和成螨都有很高的活性。药效迅速，持效期长。可对近年为害上升的苹果二斑叶螨（白蜘蛛）有防治作用，尤其对卵效果更好。用于扁桃（巴旦杏）、苹果、柑橘、棉花、葡萄和观赏植物上，可有效防治真叶螨、全爪螨、红叶螨、瘿螨以及紫红短须螨。该化合物也具有杀菌活性。

【使用方法】

（1）**防治柑橘红蜘蛛**　在若螨开始发生时，用 9.5％乳油 2 000～4 000 倍液均匀喷雾，持效期 30 天左右。

（2）**防治苹果红蜘蛛**　在若螨开始发生时，用 9.5％乳油 4 000～5 000 倍液均匀喷雾，持效期 40 天左右。

【注意事项】

（1）施药应选在早晚气温较低、风小时进行。要均匀喷药，在干旱条件下适当提高喷液量，有利于药效发挥。晴天上午 8 时至下午 5 时，空气相对湿度低于 65％，气温高于 28 ℃时应停止施药。

（2）对蜜蜂和水生生物低毒，应避免在植物花期和蜜蜂活动场所施药。

（3）药液溅入眼睛，立即用清水冲洗至少 15 分钟；若沾染皮肤，用肥皂清洗，仍有刺激感，立即就医；吸入气雾，立即移至新鲜空气处，并就医。

（4）不得与食物、食器、饲料、饮用水等混放，远离火源，妥善保管于儿童触及不到的地方。

【主要制剂和生产企业】9.5％乳油。

美国杜邦公司。

螺螨酯（spirodiclofen）

【作用机理分类】第 21A 组

【化学结构式】

【曾用名】螨危

【理化性质】原药为白色固体。熔点：94.8 ℃；蒸气压：3×10^{-7} 帕（20 ℃）；pH 4.2；溶解度（20 ℃）：水中 50 微克/升，丙酮中＞250 克/升，乙酸乙酯中＞250 克/升，二甲苯中＞250 克/升，二甲基甲酰胺中 75 克/升。

【毒性】低毒。原药大鼠急性口服 LD_{50}＞2 500 毫克/千克，急性经皮 LC_{50}＞2 000 毫克/千克，大鼠急性吸入 LC_{50}＞5 030 毫克/升。对皮肤和眼睛无刺激性。对鱼、藻类、鸟类以及蜜蜂等均为低毒。

【防治对象】螺螨酯具有触杀作用，无内吸性。对螨的各个发育阶段都有效，包括卵。杀螨谱广，适应性强。对红蜘蛛、黄蜘蛛、锈壁虱、茶黄螨、朱砂叶螨和二斑叶螨等均有很好防效，可用于柑橘、葡萄等果树和茄子、辣椒、番茄等茄科作物上的螨害治理。此外，对梨木虱、榆蛎盾蚧以及叶蝉类等害虫有很好的兼治效果。

【使用方法】

（1）**防治柑橘红蜘蛛**　使用有效成分浓度 48 毫克/千克（例如 24％悬浮剂 5 000 倍液），于柑橘红蜘蛛始盛期喷雾。

（2）**防治苹果红蜘蛛**　使用有效成分浓度 80 毫克/千克（例如 24％悬浮剂 3 000 倍液），在苹果红蜘蛛发生始盛期施药，叶面喷雾。

【注意事项】

（1）建议在一个生长季（春季、秋季）使用次数不超过 2 次。

（2）螺螨酯是通过触杀作用防治害螨，使用时要尽可能对作物全株上下部位，叶片正反两面均匀喷施。

（3）螺螨酯的杀螨作用相对较慢，要在害螨为害早期使用。在成螨种群多时，要与速效性好的杀螨剂如阿维菌素等混用。

（4）建议避开果树开花期使用，以免影响蜜蜂种群。

【主要制剂和生产企业】240 克/升悬浮剂。

拜耳作物科学（中国）有限公司。

溴螨酯（bromopropylate）

【作用机理分类】作用机理不明。

【化学结构式】

【曾用名】螨代治

【理化性质】纯品为无色或白色结晶。密度：1.59；熔点：77 ℃；蒸气压：1.066×10^{-5} 帕（20 ℃），0.690 帕（100 ℃）。溶于有机溶剂，在水中溶解度＜0.5 毫克/千克（20 ℃）。在微酸和中性介质中稳定，不易燃。

【毒性】**低毒**。原药大鼠急性口服 LD_{50}＞5 000 毫克/千克。对兔眼睛无刺激作用，对兔皮肤有轻微刺激作用。对鱼高毒，对鸟类及蜜蜂低毒。

【防治对象】溴螨酯杀螨谱广，残效期长，触杀性较强，无内吸性，对成、若螨和卵有较好的杀伤作用。温度变化对药效影响不大。该药用在果树、蔬菜、棉花、茶等作物上，可防治叶螨、瘿螨、线螨等多种害螨。

【使用方法】

（1）**果树害螨** 防治苹果红蜘蛛、山楂红蜘蛛，在苹果开花前后，成、若螨盛发期，平均每叶有螨 4 头以下，用 50％乳油 1 000～2 000 倍液，均匀喷雾。

防治柑橘红蜘蛛，在春梢大量抽发期，第一个螨高峰前，平均每叶有螨 2～3 头时，用 50％乳油 1 000～2 000 倍液均匀喷雾。

防治柑橘锈壁虱，当有虫叶片达到 20％或每叶平均有虫 3 头时开始防治，20～30 天后螨密度有所回升时，再防治 1 次。用 50％乳油 2 000 倍液喷雾，重点防治中心虫株。

（2）**蔬菜害螨** 在成、若螨盛发期，平均每叶有螨 3 头左右，用 50％乳油 3 000～4 000 倍液均匀喷雾。

（3）**茶树害螨** 防治茶树瘿螨、茶橙瘿螨、茶短须螨，在害螨发生期用

50％乳油 2 000～4 000 倍液均匀喷雾。

（4）**棉花害螨**　在 6 月底前，害螨扩散初期，每亩用 50％乳油 25～40 毫升，对水 50～75 千克，即稀释 2 000～3 000 倍液，均匀喷雾。

【注意事项】

（1）每次喷药间隔期不少于 30 天，柑橘上的安全间隔期为 28 天，苹果为 21 天。

（2）在蔬菜和茶叶采摘期不可施药。

（3）该药剂无内吸性，使用时药液必须均匀全面覆盖植株。

（4）害螨对该药剂和三氯杀螨醇有交互抗性，使用时要注意。

（5）储存于通风阴凉干燥处，温度不超过 35 ℃。

【主要制剂和生产企业】50％乳油。

浙江省宁波中化化学品有限公司。

二、果树用杀虫剂作用机理分类表

主要组和主要作用位点	化学结构亚组和代表性有效成分	举　例
1. 乙酰胆碱酯酶抑制剂	1A 氨基甲酸酯	丁硫克百威
	1B 有机磷	毒死蜱、辛硫磷、杀螟硫磷、敌敌畏、敌百虫、乙酰甲胺磷、哒嗪硫磷、倍硫磷、马拉硫磷、稻丰散、喹硫磷、杀扑磷、硝虫硫磷
3. 钠离子通道调节剂	3A 拟除虫菊酯类杀虫剂 天然除虫菊酯	溴氰菊酯、高效氯氟氰菊酯、氯菊酯、氰戊菊酯、高效氯氰菊酯、联苯菊酯、甲氰菊酯
4. 烟碱乙酰胆碱受体促进剂	4A 新烟碱类	啶虫脒、吡虫啉、烯啶虫胺、噻虫嗪
6. 氯离子通道激活剂	阿维菌素，弥拜霉素类	阿维菌素
7. 模拟保幼激素生长调节剂	7C 吡丙醚	吡丙醚

（续）

主要组和主要 作用位点	化学结构亚组和 代表性有效成分	举　例
10. 螨类生长抑制剂	10A 四螨嗪；噻螨酮；螨生长调节剂；四嗪类杀螨剂	四螨嗪、噻螨酮
11. 昆虫中肠膜微生物干扰剂（包括表达 Bt 毒素的转基因植物）	苏云金芽孢杆菌或球形芽孢杆菌和他们生产的杀虫蛋白	苏云金杆菌
12. 氯化磷酸化抑制剂（线粒体 ATP 合成酶抑制剂）	12B 有机锡杀螨剂	三唑锡、苯丁锡
	12C 炔螨特	炔螨特
14. 烟碱乙酰胆碱受体通道拮抗剂	沙蚕毒素类似物	杀螟单
15. 几丁质生物合成抑制剂 0 类型，鳞翅目昆虫	几丁质合成抑制杀虫剂	氟啶脲、除虫脲、虱螨脲、氟虫脲、杀铃脲、灭幼脲
16. 几丁质生物合成抑制剂 1 类型，同翅目昆虫	噻嗪酮	噻嗪酮
18. 蜕皮激素促进剂	虫酰肼类	虫酰肼、甲氧虫酰肼
19. 章鱼胺受体促进剂	双甲脒	双甲脒
21. 线粒体复合物 Ⅰ 电子传递抑制剂	21A METI 杀虫剂和杀螨剂	唑螨酯、哒螨灵、喹螨醚
23. 乙酰辅酶 A 羧化酶抑制剂	季酮酸类及其衍生物	螺螨酯、螺虫乙酯
28. 鱼尼丁受体调节剂	脂肪酰胺类	氯虫苯甲酰胺
"UN" 作用机理未知或不确定的化合物	溴螨酯	溴螨酯

三、果树害虫轮换用药防治方案

（一）柑橘害虫（螨）轮换用药防治方案

柑橘上的主要害虫（螨）有柑橘红蜘蛛、黄蜘蛛、介壳虫、粉虱、锈壁虱、潜叶蛾等。

防治红蜘蛛、黄蜘蛛：

第一次用药可选用机油乳剂。

第二次用药可选用第 19 组杀虫剂双甲醚，第 21A 组杀虫剂哒螨灵、唑螨酯。

第三次用药可选用第 6 组杀虫剂阿维菌素，第 12B 组杀虫剂三唑锡、苯丁锡。

第四次用药可选用第 23 组杀螨剂螺螨酯、螺虫乙酯，第 12C 组杀虫剂炔螨特。

防治柑橘介壳虫：

第一次用药可选用机油乳剂。

第二次用药可选用第 1B 组杀虫剂稻丰散、杀扑磷。

第三次用药可选用第 16 组杀虫剂噻嗪酮，第 4A 组杀虫剂吡虫啉等。

防治柑橘潜叶蛾：

第一次用药可选用第 6 组杀虫剂阿维菌素、第 11 组杀虫剂苏云金杆菌。

第二次用药可选用第 28 组杀虫剂氯虫苯甲酰胺。

第三次用药可选用第 3A 组杀虫剂溴氰菊酯等、第 1B 组杀虫剂毒死蜱。

防治柑橘锈壁虱：

第一次用药可选用第 6 组杀虫剂阿维菌素。

第二次用药可选用第 19 组杀虫剂双甲醚，第 21A 组杀虫剂哒螨灵、唑螨酯。

第三次用药可选用第 1A 组杀虫剂丁硫克百威，第 12B 组杀虫剂三唑锡、苯丁锡。

防治柑橘粉虱：

第一次用药可选用第 6 组杀虫剂阿维菌素。

第二次用药可选用第 4A 组杀虫剂啶虫脒、吡虫啉、噻虫嗪。

第三次用药可选用第 16 组杀虫剂噻嗪酮、第 3A 组杀虫剂溴氰菊酯等。

防治同时发生几种害虫（螨）：

柑橘介壳虫与柑橘害螨、锈壁虱同时发生，可选用机油乳剂兼治。

柑橘介壳虫与柑橘潜叶蛾、蚜虫、粉虱同时发生，可选用第 16 组杀虫剂噻嗪酮，或第 4A 组杀虫剂啶虫脒、吡虫啉，或第 1B 组杀虫剂敌百虫兼治。

柑橘介壳虫与柑橘粉虱、蚜虫、害螨同时发生，可选用第 1B 组杀虫剂毒死蜱兼治。

柑橘潜叶蛾与柑橘害螨同时发生，可选用第 6 组杀虫剂阿维菌素兼治。

（二）苹果害虫（螨）轮换用药防治方案

为害苹果树的主要害虫（螨）有绣线菊蚜、苹果瘤蚜、苹果绵蚜、桃小食心虫、金纹细蛾、苹果小卷叶蛾、山楂叶螨、苹果全爪螨、二斑叶螨、介壳虫等。

防治苹果食心虫：

第一次施药可选用第 1B 组杀虫剂辛硫磷、毒死蜱进行土壤处理。

第二次施药可选用第 28 组杀虫剂氯虫苯甲酰胺，第 3A 组杀虫剂联苯菊酯、高效氯氟氰菊酯。

第三次施药可选用第 6 组杀虫剂阿维菌素、甲氨基阿维菌素苯甲酸盐。

防治苹果蚜虫：

第一次施药可选用第 4A 组杀虫剂吡虫啉、啶虫脒，第 6 组杀虫剂阿维菌素。

第二次施药可选用第 1A 组杀虫剂丁硫克百威、第 3B 组杀虫剂溴氰菊酯等。

防治苹果全爪螨、二斑叶螨、山楂叶螨：

第一次施药可选用第 21A 组杀螨剂唑螨酯、哒螨灵、喹螨醚，第 6 组杀螨剂阿维菌素。

第二次施药可选用第 10A 组杀螨剂四螨嗪、噻螨酮，第 23 组杀螨剂螺螨酯。

第三次施药可选用第 12B 组杀螨剂三唑锡、第 12C 组杀螨剂炔螨特、未分组的杀螨剂溴螨酯。

防治卷叶蛾：

第一次施药可选用第 18 组杀虫剂虫酰肼、甲氧虫酰肼。

第二次施药可选用第 1B 组杀虫剂杀螟硫磷、敌敌畏。

防治金纹细蛾：

第一次施药可选用第 15 组杀虫剂灭幼脲、除虫脲、杀铃脲，第 6 组杀虫剂阿维菌素。

第二次施药可选用第 28 组杀虫剂氯虫苯甲酰胺。

防治介壳虫：

第一次施药可选用第 1B 组杀虫剂杀扑磷、毒死蜱，第 16 组杀虫剂噻嗪酮。

第二次施药可选用第 4A 组杀虫剂噻虫嗪、第 23 组杀虫剂螺虫乙酯。

防治同时发生几种害虫：

卷叶蛾、金纹细蛾、食心虫同时发生可选用第 28 组杀虫剂氯虫苯甲酰胺。

介壳虫、蚜虫同时发生时可选用第 16 组杀虫剂噻嗪酮。

第七章

安全使用与个人防护

SHACHONGJI KEXUE SHIYONG ZHINAN

一、农药安全使用的重要意义

农药的安全使用意义包括四方面的内容：

◆ **对施药者的安全**

由于施药者施药时缺乏必要的安全防护措施，如不穿防护服、不戴防护口罩和手套、施药时喝水吃东西、或施药后不用肥皂洗手等，容易造成农药中毒或死亡事故的发生。因此施药者要做好施药安全防护，避免连续疲劳作业和夏季在中午高温时作业，并加强农药保管，防止因误食、误用等造成的非生产性中毒事故的发生。

◆ **对作物的安全**

对作物的安全包括对当季作物的安全和对下季（茬）作物的安全。使用农药方法不当或未严格按照要求施药易引起农作物的受害症状，如落叶、落果、灼伤等。有些长残留的除草剂，虽然对当茬作物没有影响，但是在土壤中残效过长，在轮作农田中对后茬敏感作物造成严重药害。

◆ **对环境的安全**

对环境的安全包括对非靶标生物，如禽畜、天敌、鸟类、蜜蜂、鱼虾等的安全。也包括对地下水、大气等自然资源的安全。使用农药时，要避免污染水源和环境，使用合适的高性能的喷洒工具。空置的农药包装物，必须清洗 3 次以上，再到远离水源的地方掩埋或焚烧。

◆ **对消费者的安全**

食用农药残留超标的农产品有可能导致急性中毒、死亡，也可能造成其他慢性中毒。而且，农药残留超标严重影响我国农产品出口创汇。

二、正确选择农药品种

◆ 根据防治对象选择农药

在植株生长的某一个阶段，仅有一两种病虫害是主要种类，需要防治，其他种类在防治主要病虫害时可以兼治。在喷药以前，首先要确定以哪一种为防治对象，是虫害就要用杀虫剂，是螨害就要用杀螨剂，是病害就要用杀菌剂，是杂草就要用除草剂。

◆ 根据病虫为害特性选择农药

每一种病虫害都有其为害特性：有的病虫仅为害叶片，有的病虫仅为害果实，有的病虫既为害叶片，也为害果实；有的害虫营钻蛀性生活，一生中仅有部分发育阶段暴露在外面等。了解病虫害的为害特性，有助于选择农药品种。例如，防治为害叶片的咀嚼式口器害虫（如各种毛虫），要选择胃毒剂或触杀剂；防治刺吸式口器害虫如蚜虫、黑刺粉虱、介壳虫等，要选择内吸性强的杀虫剂；防治蛀干害虫如天牛、吉丁虫，要选择熏蒸作用强的杀虫剂。

◆ 根据病虫害发生规律选择农药

根据病虫害的发生规律选择农药品种，在防治上可以做到有的放矢。例如，多种病害在发病以前都有一个初侵染期，如果在这个时期喷药，就要选择具有保护作用的杀菌剂。病菌一旦侵入寄主，用保护性杀菌剂防治就效果甚微甚至无效，因而必须用内吸性杀菌剂。有些病害具有侵染时期长和潜伏侵染的特性（如树脂病、溃疡病），在防治时既要考虑防治已经侵入寄主的病菌，又要考虑防止新病菌的侵染，因此，需要选择既有治疗作用，又有保护作用的杀菌剂。

◆ 根据病虫害的生物学特性选择农药

各种病虫害都有其自身的生物学特性，了解这些特性是开展病虫害防治的基础。例如，防治在土壤中越冬的大果实蝇、花蕾蛆、吉丁虫等害虫时，在春季害虫出土期于地面喷药，应选择触杀性强的杀虫剂；而在成虫产卵期往树上喷药，就得选择既有触杀作用，又有胃毒作用的杀虫剂。防治蛀干害虫，在防治蛀入枝干内的幼虫时，要用熏蒸剂，并施药于蛀道内；防治成虫或卵时，就要用触杀剂，并喷雾于树干上。

◆ **根据农药的特性选择农药**

各种农药都有一定的适用范围和适用时期，并非任何时期施用都能获得同样的防治效果。有些农药品种对气温的反应比较敏感，在气温较低的情况下效果不好，而在气温高时药效才能充分发挥出来。如炔螨特在夏季使用的防治效果明显高于春季。有的农药对害虫的某一发育阶段有效，而对其他发育阶段防治效果较差，如噻螨酮对害螨的卵防治效果很好，而对活动态螨防治效果很差。灭幼脲等昆虫生长调节剂类杀虫剂，只有在低龄幼虫期使用，才能表现出良好的防治效果。

三、准确量取所需要的农药用量

准确量取所需要的农药必须准确核定施药面积，根据农药标签推荐的农药使用剂量或植保技术人员的推荐，计算用药量和施药液量。

农药稀释的用水量与农药用量，经常用3种方式表示。

1. 百分比浓度表示法

2. 倍数浓度表示法

3. ppm 含量表示法

（1）百分比浓度表示法是指农药的百分比含量。例如 40％辛硫磷乳油，是指药剂中含有 40％的原药。再如配制 0.01％的吡蚜酮药液，是指配制成的药液中含有 0.01％的吡蚜酮原药。配制 15 千克 0.01％的吡蚜酮药液，所需 25％吡蚜酮可湿性粉剂的量，用计算公式如下：

使用浓度×药液量＝原药用量×原药百分比含量

计算如下：原药用量＝使用浓度×药液量（0.01％×15 千克）÷原药百分比含量（25％）＝6 克。

称取 6 克 25％吡蚜酮可湿性粉剂，加入 15 千克水中，搅拌均匀，即为 0.01％的吡蚜酮药液。

（2）倍数浓度表示法是喷洒农药时经常采用的一种表示方法。所谓××倍，是指水的用量为药品用量的××倍。配制时，可用下列公式计算：

使用倍数×药品用量＝稀释后的药液量

例如配制 15 千克 3 000 倍吡虫啉药液，需用吡虫啉约 5 克。

使用倍数（3 000）×药品用量＝稀释后的药液量（15 千克）

药品用量＝15×1 000÷3 000＝5 克

（3）百万分之一（ppm）含量表示法。现在国家标准（GB）以毫克/千克表示该浓度。1 ppm 是指药液中原药的含量为 1 毫克/千克（10^{-6}）。400 ppm 的毒死蜱药液，其药液中原药含量为 400 毫克/千克。

例如配制 400 毫克/千克的毒死蜱药液 15 千克，需要 40％毒死蜱乳油的量可用以下公式计算：

$$使用浓度×药液量＝原药浓度×所需原药数量$$

$$400×10^{-6}×15×10^3＝40％×所需原药数量$$

所需原药数量＝15 克

所以配制 400 毫克/千克的毒死蜱药液 15 千克，需要 40％毒死蜱乳油 15 克。

四、配制农药注意事项

（1）选择在远离水源、居所、畜牧栏等场所配制农药。

（2）现用现配，不宜久置；短时存放时，应密封并安排专人保管。

（3）根据不同的施药方法和防治对象、作物种类和生长时期确定施药液量。

（4）选择没有杂质的清水配制农药，不用配制农药的器具直接取水，药液不应超过额定容量。

（5）根据农药剂型，按照农药标签推荐的方法配制农药。

（6）采用"二次法"进行操作。

（7）配制现混现用的农药，应按照农药标签上的规定或在技术人员的指导下进行操作。

五、施药时个人防护

绝大多数农药品种对人体有一定的毒性。如果使用不当，就可能造成中毒事故。因此，使用农药时，要做好安全防护，掌握急救知识。

施药人员可通过穿戴防护装备来降低使用农药带来的危害。防护装备能帮助施药人员避免直接接触农药。根据使用的农药和喷雾操作确定所需穿戴的防护装备。

在搅拌、加装或使用高毒产品，施药人员需要穿戴额外的个人防护装备，包括：

（1）呼吸器。

防水帽　　　　　　　　　　　　　　　　防水帽，如硬壳帽（安全帽）、兜帽
　　　　　　　　　　　　　　　　　　　或宽边雨帽

工作服　　　　　　　　　　　　　　　　长袖衬衫和长裤或连体工作服

手　套　　　　　　　　　　　　　　　　无衬里的长及肘部的防化手套

靴　子　　　　　　　　　　　　　　　　无衬里的高靴

（2）防水套服（带帽的雨衣）。

（3）防化围裙。

（4）护目镜。

（5）面罩。

呼吸器官防护装备的选用

　　熏蒸剂或其他易挥发的农药，吸入毒性比口服毒性大得多。使用这些药剂时应特别重视保护呼吸道。农药熏蒸、喷雾或喷粉时，所产生的蒸气、药液、雾滴或药粉颗粒能够通过呼吸损害鼻腔、喉咙和肺组织。在密闭或相对密闭的空间里进行农药操作，是大量吸入药剂的原因。例如，在温室内使用烟雾剂（燃放烟剂、弥雾等）等。必须采取防护措施，以确保安全。

　　使用高毒农药以及在闭式场所（如温室、仓库、畜厩等）中把中等毒、低毒农药作为气雾剂或烟熏剂使用时，均应根据农药特性选用的防毒面具（如药剂对眼面部有刺激损伤，须戴用全面罩防毒面具）。

　　使用中、低毒不挥发农药粉剂、烟雾时，应选用防微粒口罩。

使用中、低毒挥发性农药时，应选用适宜的防毒口罩，如施药量大、蒸气浓度高时，应选用防毒面具。

皮肤防护用具选用

使用农药时，皮肤很容易接触药剂，因此，当量取、配制和施用药液时，应做好防护，避免药剂黏附人体皮肤。量药、配药、喷雾、撒粉及清洗施用过农药的药械时，都要注意保护人体的各部分。田间施药时，药械要事先检修好，避免发生渗漏。施药时，人要在上风向，对作物采取隔行喷药操作。几架药械同时在田间使用时，要按梯形队伍前进，且下风施药人员先行，以免人体接触药剂。施药时除手和臂外，脚和腿往往也很容易被药剂污染，操作时应穿戴长袖衣服（如塑膜雨衣等）、长裤、雨靴（稻田施药可穿水田袜）、手套、帽子，以及脚罩、塑料围腰、护目镜等。

个人防护装备的维护

使用农药工作完成后，需清洗所有防护装备。在脱去个人防护装备前清洗手套，然后戴上手套脱去衣物和个人防护装备，以免受到污染。

清洗步骤：

（1）脱去个人防护装备前用温肥皂水清洗手套的外面。

（2）戴着手套脱去个人防护装备。一定要在室外脱去个人防护装备。

① 如果施用的是颗粒剂农药，则在室外安全的地方掸衣物，并清理口袋和翻边。

② 如果衣物被喷洒的高毒农药污染，则丢弃衣物。将该衣物放在一个塑料袋内并放置在垃圾填埋场。

（3）将连体工作服和其他喷雾衣物放在一个塑料袋内，并将它们与其他衣物分开存放。这些衣物必须与其他衣物分开洗涤。每次施药后都应洗涤喷雾衣物。

（4）用戴手套的双手清洗防护装备。在温肥皂水中清洗护目镜、帽子、靴子和防水衣物，彻底清洗并把它们风干或晾干。

① 最好在室外清洗装备。

② 如果外面没有清洗场所，应准备几个桶专门用于装备的清洗。把它们贴上标签，与家用清洗桶予以区别。

（5）用温肥皂水再次清洗手套外部。彻底清洗，然后脱下来悬挂晾干。

（6）将晾干防护装备放入一个干净的储物处以备下次使用。

六、安全科学使用农药知识图解

购买和使用农药，要仔细阅读标签。要购买和使用农药瓶（袋）上标签清楚，登记证、生产批准证、产品标准号码齐全的农药；不要购买和使用农药标签模糊不清，或登记证、生产批准证和产品标准号码不全的农药。

农药必须单独运输，修建专用库房或箱柜上锁存放，并有专人保管农药不得与粮食、蔬菜、瓜果、食品及日用品等物品混运、混存。禁止儿童进入农药库房。

　　配制农药，要选择专用器具量取和搅拌农药，决不能直接用手取药和搅拌农药。

　　施药机械出现滴漏或喷头堵塞等故障，要及时正确维修，不能用滴漏喷雾器施药，更不能用嘴直接吹吸堵塞的喷头。

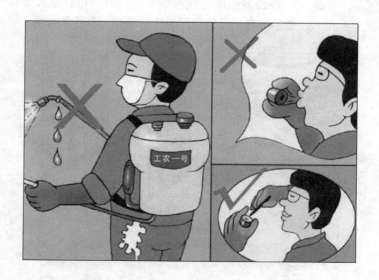

　　田间施用农药，必须穿防护衣裤和防护鞋，戴帽子、防毒口罩和防护手套。年老、体弱、有病的人员，儿童，孕期、经期、哺乳期妇女，不能施用农药。

　　田间喷洒农药，要注意风力、风向及晴雨等天气变化，应在无雨、风力3级以下天气施药，下雨和风力3级以上天气不能施药，更不能逆风喷洒农药。夏季高温季节喷施农药，要在上午10时前和下午3时后进行，中午不能喷药。施药人员每天喷施时间一般不得超过6小时。

必须注意农药安全间隔期——农药安全间隔期是指最后一次施药至作物收获时的间隔天数。用药前，必须了解所用农药的安全间隔期，保证农产品采收上市时农药残留不超标。

根据中华人民共和国农业部第 199、第 274 号公告，在中国禁止使用甲胺磷等 23 种（类）高毒、高残留农药。

蔬菜、果树、茶树、甘蓝、甘蔗、花生、中草药材等作物，严禁使用国家明令限用的高毒、高残留农药，以防食用者中毒和农药残留超标。

限用的农药品种	限制作物
治螟磷、蝇毒磷、涕灭威、特丁硫磷、内吸磷、灭线磷、氯唑磷、硫环磷、克百威、甲基异柳磷、甲基硫环磷、甲拌磷、地虫硫磷、苯线磷	蔬菜、果树、茶叶、中草药材
氧乐果	甘蓝
特丁硫磷	甘蔗
三氯杀螨醇、氰戊菊酯	茶树
丁酰肼	花生

克百威（呋喃丹）、涕灭威、甲基异柳磷等剧毒农药，只能用于拌种、工具沟施或戴手套撒毒土，严禁对水喷雾！

　　配药、施药现场，严禁抽烟、用餐和饮水，必须远离施药现场，将手脸洗净后方可抽烟、用餐、饮水或从事其他活动。

　　对农作物病、虫、草、鼠害，采用综合防治（IPM）技术，当使用农药防治时，要按照当地植保技术推广人员的推荐意见，选择适宜的农药，在适宜的施药时期，用正确的施用方法，施用经济有效的农药剂量，不得随意加大施药剂量和改变施药方法。

　　施过农药的地块要树立警告标志，在一定时间内，禁止进入田间进行农事操作、放牧、割草、挖野菜等。

　　农药应用原包装存放，不能用其他容器盛装农药。农药空瓶（袋）应在清洗三次后，远离水源深埋或焚烧，不得随意乱丢，不得盛装其他农药，更不能盛装食品。

　　施药结束后，药立即用肥皂洗澡和更换干净衣物，并将施药时穿戴的衣裤鞋帽及时洗净。

　　施药人员出现头疼、头昏、恶心、呕吐等农药中毒症状时，应立即离开施药现场，脱掉污染衣裤，及时带上农药标签到医院治疗。

　　中国疾病预防控制中心中毒控制中心咨询电话：010—83132345。

NY/T 1276—2007　农药安全使用规范　总则

1　范围

本标准规定了使用农药人员的安全防护和安全操作的要求。

本标准适用于农业使用农药人员。

2　规范性引用文件

下列文件中的条款通过本标准的引用而成为本标准的条款。凡是注日期的引用文件，其随后所有的修改单（不包括勘误的内容）或修订版均不适用于本标准。然而，鼓励根据本标准达成协议的各方研究是否可使用这些文件的最新版本。凡是不注日期的引用文件，其最新版本适用于本标准。

GB 12475 农药贮运、销售和使用的防毒规程

NY 608 农药产品标签通则

3　术语和定义

下列术语和定义适用于本标准。

3.1

持效期　pesticide duration

农药施用后，能够有效控制农作物病、虫、草和其他有害生物为害所持续的时间。

3.2

安全使用间隔期　preharvest interval

最后一次施药至作物收获时安全允许间隔的天数。

3.3

农药残留　pesticide residue

农药使用后在农产品和环境中的农药活性成分及其在性质上和数量上有毒

理学意义的代谢（或降解、转化）产物。

3.4

　　用药量　formulation rate

　　单位面积上施用农药制剂的体积或质量。

3.5

　　施药液量　spray volume

　　单位面积上喷施药液的体积。

3.6

　　低容量喷雾　low volume spray

　　每公顷施药液量在 50 L～200 L（大田作物）或 200 L～500 L（树木或灌木林）的喷雾方法。

3.7

　　高容量喷雾　high volume spray

　　每公顷施药液量在 600 L 以上（大田作物）或 1 000 L 以上（树木或灌木林）的喷雾方法。也称常规喷雾法。

4　农药选择

4.1　按照国家政策和有关法规规定选择

4.1.1　应按照农药产品登记的防治对象和安全使用间隔期选择农药。

4.1.2　严禁选用国家禁止生产、使用的农药；选择限用的农药应按照有关规定；不得选择剧毒、高毒农药用于蔬菜、茶叶、果树、中药材等作物和防治卫生害虫。

4.2　根据防治对象选择

4.2.1　施药前应调查病、虫、草和其他有害生物发生情况，对不能识别和不能确定的，应查阅相关资料或咨询有关专家，明确防治对象并获得指导性防治意见后，根据防治对象选择合适的农药品种。

4.2.2　病、虫、草和其他有害生物单一发生时，应选择对防治对象专一性强的农药品种；混合发生时，应选择对防治对象有效的农药。

4.2.3　在一个防治季节应选择不同作用机理的农药品种交替使用。

4.3　根据农作物和生态环境安全要求选择

4.3.1　应选择对处理作物、周边作物和后茬作物安全的农药品种。

4.3.2　应选择对天敌和其他有益生物安全的农药品种。

4.3.3　应选择对生态环境安全的农药品种。

5　农药购买

购买农药应到具有农药经营资格的经营点，购药后应索取购药凭证或发票。所购买的农药应具有符合 NY 608 要求的标签以及符合要求的农药包装。

6　农药配制

6.1　量取

6.1.1　量取方法

6.1.1.1　准确核定施药面积，根据农药标签推荐的农药使用剂量或植保技术人员的推荐，计算用药量和施药液量。

6.1.1.2　准确量取农药，量具专用。

6.1.2　安全操作

6.1.2.1　量取和称量农药应在避风处操作。

6.1.2.2　所有称量器具在使用后都要清洗，冲洗后的废液应在远离居所、水源和作物的地点妥善处理。用于量取农药的器皿不得作其他用途。

6.1.2.3　在量取农药后，封闭原农药包装并将其安全贮存。农药在使用前应始终保存在其原包装中。

6.2　配制

6.2.1　场所

应选择在远离水源、居所、畜牧栏等场所。

6.2.2　时间

应现用现配，不宜久置；短时存放时，应密封并安排专人保管。

6.2.3　操作

6.2.3.1　应根据不同的施药方法和防治对象、作物种类和生长时期确定施药液量。

6.2.3.2　应选择没有杂质的清水配制农药，不应用配制农药的器具直接取水，药液不应超过额定容量。

6.2.3.3　应根据农药剂型，按照农药标签推荐的方法配制农药。

6.2.3.4　应采用"二次法"进行操作：

1）用水稀释的农药：先用少量水将农药制剂稀释成"母液"，然后再将"母液"进一步稀释至所需要的浓度。

2）用固体载体稀释的农药：应先用少量稀释载体（细土、细沙、固体肥料等）将农药制剂均匀稀释成"母粉"，然后再进一步稀释至所需要的用量。

6.2.3.5 配制现混现用的农药，应按照农药标签上的规定或在技术人员的指导下进行操作。

7 农药施用

7.1 施药时间

7.1.1 根据病、虫、草和其他有害生物发生程度和药剂本身性能，结合植保部门的病虫情报信息，确定是否施药和施药适期。

7.1.2 不应在高温、雨天及风力大于 3 级时施药。

7.2 施药器械

7.2.1 施药器械的选择

7.2.1.1 应综合考虑防治对象、防治场所、作物种类和生长情况、农药剂型、防治方法、防治规模等情况：

　　1）小面积喷洒农药宜选择手动喷雾器。

　　2）较大面积喷洒农药宜选用背负机动气力喷雾机，果园宜采用风送弥雾机。

　　3）大面积喷洒农药宜选用喷杆喷雾机或飞机。

7.2.1.2 应选择正规厂家生产、经国家质检部门检测合格的药械。

7.2.1.3 应根据病、虫、草和其他有害生物防治需要和施药器械类型选择合适的喷头，定期更换磨损的喷头：

　　1）喷洒除草剂和生长调节剂应采用扇形雾喷头或激射式喷头。

　　2）喷洒杀虫剂和杀菌剂宜采用空心圆锥雾喷头或扇形雾喷头。

　　3）禁止在喷杆上混用不同类型的喷头。

7.2.2 施药器械的检查与校准

7.2.2.1 施药作业前，应检查施药器械的压力部件、控制部件。喷雾器（机）截止阀应能够自如扳动，药液箱盖上的进气孔应畅通，各接口部分没有滴漏情况。

7.2.2.2 在喷雾作业开始前、喷雾机具检修后、拖拉机更换车轮后或者安装新的喷头时，应对喷雾机具进行校准，校准因子包括行走速度、喷幅以及药液流量和压力。

7.2.3 施药机械的维护

7.2.3.1 施药作业结束后，应仔细清洗机具，并进行保养。存放前应对可能锈蚀的部件涂防锈黄油。

7.2.3.2 喷雾器（机）喷洒除草剂后，必须用加有清洗剂的清水彻底清洗干净（至少清洗三遍）。

7.2.3.3　保养后的施药器械应放在干燥通风的库房内，切勿靠近火源，避免露天存放或与农药、酸、碱等腐蚀性物质存放在一起。

7.3　施药方法

应按照农药产品标签或说明书规定，根据农药作用方式、农药剂型、作物种类和防治对象及其生物行为情况选择合适的施药方法。施药方法包括喷雾、撒颗粒、喷粉、拌种、熏蒸、涂抹、注射、灌根、毒饵等。

7.4　安全操作

7.4.1　田间施药作业

7.4.1.1　应根据风速（力）和施药器械喷洒部件确定有效喷幅，并测定喷头流量，按以下公式计算出作业时的行走速度：

$$V=\frac{Q}{q \times B} \times 10^4 \quad\cdots\cdots\cdots\cdots\cdots\cdots\cdots\cdots\cdots\cdots\text{（1）}$$

式中：

V——行走速度，米/秒（m/s）；

Q——喷头流量，毫升/秒（mL/s）；

q——农艺上要求的施药液量，升/公顷（L/hm²）；

B——喷雾时的有效喷幅，米（m）。

7.4.1.2　应根据施药机械喷幅和风向确定田间作业行走路线。使用喷雾机具施药时，作业人员应站在上风向，顺风隔行前进或逆风退行两边喷洒，严禁逆风前行喷洒农药和在施药区穿行。

7.4.1.3　背负机动气力喷雾机宜采用降低容量喷雾方法，不应将喷头直接对着作物喷雾和沿前进方向摇摆喷洒。

7.4.1.4　使用手动喷雾器喷洒除草剂时，喷头一定要加装防护罩，对准有害杂草喷施。喷洒除草剂的药械宜专用，喷雾压力应在 0.3 MPa 以下。

7.4.1.5　喷杆喷雾机应具有三级过滤装置，末级过滤器的滤网孔对角线尺寸应小于喷孔直径的 2/3。

7.4.1.6　施药过程中遇喷头堵塞等情况时，应立即关闭截止阀，先用清水冲洗喷头，然后戴着乳胶手套进行故障排除，用毛刷疏通喷孔，严禁用嘴吹吸喷头和滤网。

7.4.2　设施内施药作业

7.4.2.1　采用喷雾法施药时，宜采用低容量喷雾法，不宜采用高容量喷雾法。

7.4.2.2　采用烟雾法、粉尘法、电热熏蒸法等施药时，应在傍晚封闭棚室后进行，次日应通风 1 h 后人员方可进入。

7.4.2.3 采用土壤熏蒸法进行消毒处理期间，人员不得进入棚室。

7.4.2.4 热烟雾机在使用时和使用后半个小时内，应避免触摸机身。

8 安全防护

8.1 人员

配制和施用农药人员应身体健康，经过专业技术培训，具备一定的植保知识。严禁儿童、老人、体弱多病者、经期、孕期、哺乳期妇女参与上述活动。

8.2 防护

配制和施用农药时应穿戴必要的防护用品，严禁用手直接接触农药，谨防农药进入眼睛、接触皮肤或吸入体内。应按照 GB 12475 的规定执行。

9 农药施用后

9.1 警示标志

施过农药的地块要树立警示标志，在农药的持效期内禁止放牧和采摘，施药后 24 h 内禁止进入。

9.2 剩余农药的处理

9.2.1 未用完农药制剂

应保存在其原包装中，并密封贮存于上锁的地方，不得用其他容器盛装，严禁用空饮料瓶分装剩余农药。

9.2.2 未喷完药液（粉）

在该农药标签许可的情况下，可再将剩余药液用完。对于少量的剩余药液，应妥善处理。

9.3 废容器和废包装的处理

9.3.1 处理方法

玻璃瓶应冲洗 3 次，砸碎后掩埋；金属罐和金属桶应冲洗 3 次，砸扁后掩埋；塑料容器应冲洗 3 次，砸碎后掩埋或烧毁；纸包装应烧毁或掩埋。

9.3.2 安全注意事项

9.3.2.1 焚烧农药废容器和废包装应远离居所和作物，操作人员不得站在烟雾中，应阻止儿童接近。

9.3.2.2 掩埋废容器和废包装应远离水源和居所。

9.3.2.3 不能及时处理的废农药容器和废包装应妥善保管，应阻止儿童和牲畜接触。

9.3.2.4　不应用废农药容器盛装其他农药，严禁用作人、畜饮食用具。

9.4　清洁与卫生

9.4.1　施药器械的清洗

不得在小溪、河流或池塘等水源中冲洗或洗涮施药器械，洗涮过施药器械的水应倒在远离居民点、水源和作物的地方。

9.4.2　防护服的清洗

9.4.2.1　施药作业结束后，应立即脱下防护服及其他防护用具，装入事先准备好的塑料袋中带回处理。

9.4.2.2　带回的各种防护服、用具、手套等物品，应立即清洗 2 遍～3 遍，晾干存放。

9.4.3　施药人员的清洁

施药作业结束后，应及时用肥皂和清水清洗身体，并更换干净衣服。

9.5　用药档案记录

每次施药应记录天气状况、作物种类、用药时间、药剂品种、防治对象、用药量、对水量、喷洒药液量、施用面积、防治效果、安全性。

10　农药中毒现场急救

10.1　中毒者自救

10.1.1　施药人员如果将农药溅入眼睛内或皮肤上，应及时用大量干净、清凉的水冲洗数次或携带农药标签前往医院就诊。

10.1.2　施药人员如果出现头痛、头昏、恶心、呕吐等农药中毒症状，应立即停止作业，离开施药现场，脱掉污染衣服或携带农药标签前往医院就诊。

10.2　中毒者救治

10.2.1　发现施药人员中毒后，应将中毒者放在阴凉、通风的地方，防止受热或受凉。

10.2.2　应带上引起中毒的农药标签立即将中毒者送至最近的医院采取医疗措施救治。

10.2.3　如果中毒者出现停止呼吸现象，应立即对中毒者施以人工呼吸。

附 录 A

（资 料 性 附 录）

用药档案记录卡格式

农药使用日期和时间：

农田位置：

作物及生长阶段：

目标有害生物以及生长发育阶段：

使用的农药品种和剂量：

用水量：

操作者姓名：

邻近作物：

助剂的使用：

采用的个人防护设备：

喷雾过程中和喷雾后的气象条件：

操作者在雾滴云中暴露的时间：

NY/T 1708—2009　水稻褐飞虱抗药性监测技术规程

1　范围

本标准规定了稻茎浸渍法和稻苗浸渍法监测稻褐飞虱［*Nilaparvata lugens*（Stål）］抗药性的方法。

本标准适用于杀虫剂对稻褐飞虱室内毒力测定和稻褐飞虱的抗药性评估。

2　术语与定义

下列术语和定义适用于本标准。

2.1

抗药性　resistence

一种农药当用其标签推荐的剂量防治某种害虫时，即使重复试验也无法达到所期望的防治效果，该种群的敏感性所出现的遗传变化称作为抗药性。

2.2

敏感基线　susceptibility baseline

在某种农药使用之前，该种药剂对褐飞虱敏感品系的毒力基线及 LD_{50} 或 LC_{50}。

2.3

稻茎浸渍法　rice stem dipping method

褐飞虱接触、取食浸药稻茎而中毒死亡的毒力测定方法，适用于稻褐飞虱对杀虫作用较快、具有触杀和内吸作用的有机磷酸酯、氨基甲酸酯、氯化烟碱类、昆虫生长调节剂、苯基吡唑类、有机氯类等杀虫剂的抗药性监测。

2.4

稻苗浸渍法　rice seedling dipping method

褐飞虱接触、取食浸药的杯栽稻苗而中毒死亡的毒力测定方法，适用于稻褐飞虱对杀虫作用特慢而持效期长的吡啶甲亚胺杂环类等杀虫剂的抗药性的监测。

3　试剂与材料

3.1　生物试材

稻褐飞虱：田间采集，经室内饲养的 1 代～2 代的 3 龄中期若虫。

供试水稻：TN1 或汕优 63（温室笼罩内盆栽的无虫、未用药处理的水稻）。

3.2 试验药剂

原药或母药分析纯。

4 仪器设备

4.1 实验室通常使用仪器设备
4.2 特殊仪器设备

电子天平（感量 0.1 mg）；

培养杯（直径 7 cm，高 27 cm）；

塑料小杯（直径 5 cm，高 4.5 cm）；

恒温培养箱、恒温养虫室或人工气候箱；

塑料圆筒（直径 16 cm、高 15 cm）；

吸虫器等。

5 试验步骤

5.1 试材准备
5.1.1 试虫
5.1.1.1 试虫采集

选当地具有代表性的稻田 3 块～5 块，每块田随机多点采集生长发育较一致的稻褐飞虱成虫或若虫或卵，每地采集虫（卵）1 000 头（粒）以上，供室内饲养。

5.1.1.2 试虫饲养

采集的成虫接入供试水稻上分批产卵（2 d～3 d 一批），采集的若虫或卵在供试水稻上饲养到成虫后再分批产卵，取 3 龄中期若虫供试。

5.1.2 供试水稻
5.1.2.1 稻茎

连根挖取分蘖—孕穗初期、长势一致的健壮稻株，洗净，剪成 10 cm 长的带根稻茎，3 株一组，于阴凉处晾至表面无水痕，供测试用。

5.1.2.2 稻苗

在温室内用塑料小杯播种水稻，每杯 20 株～30 株稻苗，选择生长至 10 cm 高的稻苗供试。

5.2 药剂配制

原药用有机溶剂（如丙酮、乙醇等）溶解，加入 $10\%(m/v)$ 用量的 Triton - X 100（或吐温 80），加工成制剂，并用蒸馏水稀释。根据预备试验结果，按照等比例方法设置 5 个～7 个系列质量浓度。每质量浓度药液量不少于 400 mL。

5.3　处理方法

5.3.1　稻茎浸渍

将供试稻茎在配制好的药液中浸渍 30 s，取出晾干，用湿脱脂棉包住根部保湿，置于培养杯中，每杯 3 株。按试验设计剂量从低到高的顺序重复上述操作，每浓度处理至少 4 次重复，并设不含药剂的处理做空白对照。

5.3.2　稻苗浸渍

在稻苗高约 10 cm 的塑料小杯土表加约 2 mL 1.5％琼脂水溶液，静置 1 h 待凝固。将杯栽供试稻苗倒置在配制好的药液中，浸渍到稻苗基部 30 s，取出晾干，将杯放入搁物架并盖上通气的盖子。按试验设计剂量从低到高的顺序重复上述操作，每浓度处理至少 4 次重复，并设不含药剂的处理做空白对照。

5.3.3　接虫与培养

用吸虫器将试虫移入培养杯或塑料小杯中，每杯 10 头～15 头，杯口用纱布或盖子罩住，转移至温度为（25±1 ℃），相对湿度为 60％～80％、光周期为 L：D＝16 h：8 h 条件下饲养和观察，特殊情况可适当调整试验环境条件，应如实记录。

5.4　结果检查

稻茎浸渍法于处理后 5 d、稻苗浸渍法于处理后 10 d～15 d 检查试虫死亡情况，记录总虫数和死虫数。

6　数据统计与分析

6.1　计算方法

根据调查数据，计算各处理的校正死亡率。按公式（1）和（2）计算，计算结果均保留到小数点后两位：

$$P_1 = \frac{K}{N} \times 100\% \quad \cdots\cdots\cdots\cdots\cdots\cdots\cdots\cdots\cdots\cdots\cdots\cdots \quad (1)$$

式中：

P_1——死亡率，单位为百分率（％）；

K——表示死亡虫数，单位为头；

N——表示处理总虫数，单位为头。

$$P_2 = \frac{P_t - P_0}{1 - P_0} \times 100\% \quad \cdots\cdots\cdots\cdots\cdots\cdots\cdots\cdots\cdots \quad (2)$$

式中：

P_2——校正死亡率，单位为百分率（％）；

P_t——处理死亡率，单位为百分率（％）；

P_0——空白对照死亡率，单位为百分率（％）。

若对照死亡率＜5％，无需校正；对照死亡率在5％～20％之间，应按公式（2）进行校正；对照死亡率＞20％，试验需重做。

6.2 统计分析

采用 SAS、EPA、POLO、BA、DPS 等统计分析系统软件的几率值分析法进行统计分析，求出每个药剂的毒力回归方程式、LC_{50} 值及其 95％置信限、b 值及其标准误。

7 抗性水平评估

7.1 水稻褐飞虱敏感毒力基线的制定

水稻褐飞虱抗性监测的毒力基线参照附录 A。

7.2 抗性水平的分级标准

抗性水平的分级标准见表 1。

表 1 水稻褐飞虱抗性水平的分级标准

抗性水平分级	抗性倍数
敏感	≤3
敏感性下降（或早期抗性）	3.1～5
低水平抗性	5.1～10
中等水平抗性	10.1～40
高水平抗性	40.1～160
极高水平抗性	≥160.1

7.3 抗性水平的计算与评估

根据敏感品系的 LC_{50} 值和测试种群的 LC_{50} 值，计算测试种群的抗性倍数。按公式（3）计算，计算结果均保留到小数点后一位：

$$抗性倍数 = \frac{测试种群的\ LC_{50}}{敏感品系的\ LC_{50}} \quad\cdots\cdots\cdots\cdots\cdots\cdots (3)$$

按照抗性水平的分级标准，对测试种群的抗性水平作出评估。

8 监测报告编写

根据统计结果和抗性水平评估，写出正式抗性检（监）测报告，并列出原始数据。

附　录　A

（资料性附录）

水稻褐飞虱敏感毒力基线

表 A.1　杀虫剂对江浦敏感品系（JPS）和杭州敏感品系（HZS）的毒力基线数据

药　剂	LD-P Line	LC$_{50}$（95%CL）mg a. i. /L	备　注
阿维菌素 EC[2]	9.030 6+2.396 9x	0.021(0.018～0.24)	
氟虫腈 EC[2]	8.039 7+2.149 3x	0.039(0.03～0.05)	
噻嗪酮（5%EC）[2]	10.019 0+4.248 6x	0.066(0.06～0.07)	
噻嗪酮（25%WP[1]）	6.649 9+2.886 5x	0.268(0.21～0.32)	
噻虫嗪 EC[2]	7.134 0+2.184 0x	0.105(0.09～0.12)	
呋虫胺 SL[2]	7.353 7+2.716 2x	0.136(0.11～0.18)	
吡虫啉 EC[2]	6.676 6+1.511 9x	0.078(0.05～0.10)	
吡虫啉（10%WP[1]）	7.142 2+2.079 2x	0.09(0.08～0.11)	稻茎浸渍法
氯噻啉 EC[2]	6.003 0+2.098 5x	0.333(0.27～0.40)	
烯啶虫胺 EC[2]	5.708 5+2.173 8x	0.472(0.25～9.51)	
啶虫脒 EC[2]	2.836 2+2.465 2x	7.546(6.42～9.01)	
毒死蜱 EC[2]	4.259 1+3.143 9x	1.721(1.40～12.81)	
异丙威 EC[2]	3.657 0+2.280 9x	3.880(3.29～4.59)	
硫丹 EC[2]	6.649 6+2.642 4x	0.238(0.19～0.30)	
吡蚜酮 EC[2]	4.810 3+0.660 4x	1.938(1.17～3.48)	稻苗浸渍法

注 1：江浦敏感品系（JPS）的毒力基线制定：1993 年采集于江苏江浦县植保站预测圃水稻田的第一代褐飞虱成虫，在室内经单对纯代筛选得敏感品系，在不接触任何药剂的情况下用汕优 63 杂交稻在室内饲养。

注 2：杭州敏感品系（HZS）的毒力基线制定：2005 年 7 月由杭州化工集团提供，该品系于 1995 年采自杭州市蒋家湾村单季水稻大田，在室内不接触任何药剂的情况下用汕优 63 杂交稻饲养。

NY/T 2058—2011 水稻二化螟抗药性监测
技术规程 毛细管点滴法

1 范围

本标准规定了毛细管点滴法监测水稻二化螟对杀虫剂抗性的基本方法。

本标准适用于水稻二化螟对具触杀作用的有机氯、有机磷酸酯、氨基甲酸酯、沙蚕毒素类、苯基吡唑类、昆虫生长调节剂及大环内酯类等常用杀虫剂的抗性监测。

2 仪器设备

电子天平（感量 0.1 mg）；

天平（感量 1 g）；

培养皿（小培养皿：直径 5 cm，高 1.2 cm；大培养皿：直径 18.5 cm，高 3 cm）；

养虫笼（长 23 cm×宽 23 cm×高 32 cm）；

青霉素瓶（容量约 5 mL）；

移液管或移液器；

容量瓶（10 mL、25 mL）；

玻璃广口瓶或果酱瓶（瓶底直径 8 cm，高 10 cm）；

毛细管点滴器：容积通常为 0.04 μL～0.06 μL（精确度为 0.01 μL）；

钢精锅（中号：直径 24 cm，高 13 cm；大号：直径 33 cm，高 18 cm）；

调节电炉（电压 220 V，功率 1 000 W×2）；

白色搪瓷盆（长 30 cm，宽 20 cm，高 4.5 cm）；

手提式压力蒸汽灭菌器；

恒温培养箱、恒温养虫室或人工气候箱。

3 试剂与材料

3.1 生物试材

3.1.1 试虫：水稻二化螟（*Chilo suppressalis* Walk.）。

3.1.2 水稻品种：采用感虫品种汕优 63 或一种当地有代表性的、非抗虫杂交水稻品种。

3.2 试验药剂

杀虫剂原药。

4 试验步骤

4.1 试材准备

4.1.1 试虫采集

选当地具有代表性的水稻秧田或本田 3 块以上，采集二化螟卵块 100 块以上；或白天在田间用捕虫网、养虫笼等工具捕捉成虫或夜晚在黑光灯下诱集成虫 200 头以上，供室内饲养。

4.1.2 试虫饲养

4.1.2.1 成虫产卵

采集的成虫放入恒温培养箱中的养虫笼中，相对湿度为 85%～90%，在未用药处理的感虫、生长嫩绿的秧苗上分批产卵（1 d～2 d 一批），所产卵块分批在恒温培养箱中培育至黑头。

4.1.2.2 幼虫饲养

将大田采集或室内饲养已黑头的卵块接入栽有 5 cm～6 cm 高稻苗的玻璃广口瓶或果酱瓶中（每瓶幼虫密度控制在约 100 头左右），置于温度为 28±1 ℃、光周期为 16 h∶8 h(L∶D) 的恒温培养箱、恒温养虫室或人工气候箱中，设弱光照下，以免幼虫逃逸。饲养至生理状态一致、体重范围在每头 6 mg～9 mg 的 4 龄幼虫供试。

4.1.3 供试水稻

取一定量水稻种子在适宜的温度下（一般 28 ℃）浸种 2 d，催芽露白后，播入玻璃广口瓶或果酱瓶中，瓶口封上一层保鲜膜并扎少量透气孔，置于适宜的温度下培养，待稻苗长至 5 cm～6 cm 时即可供初孵幼虫饲养用。

4.1.4 试验人工饲料

按附录 A 配制人工饲料，并于 4 ℃冰箱中储存，或可现做现用。试验前从冰箱中取出，待回温至室温，即可用于毒力测定试验。每培养皿加长约 2 cm、厚约 0.5 cm 的条状饲料供饲养幼虫用。

4.2 药液配制

在电子天平上用容量瓶称取一定量的原药，用有机溶剂（如丙酮等，杀虫单、杀螟丹等用体积为 1∶1 的丙酮∶水混合液）溶解，配制成一定浓度的母液。用移液管或移液器吸取一定量的母液加入青霉素瓶，用上述溶剂配制成一定质量浓度的药液供预备试验，根据预备试验结果，再按照等比法用青霉素瓶配制 5～7 个系列质量浓度，每个浓度的药液量不宜少于 2 mL。

4.3 处理方法

挑取每头体重为 6 mg～9 mg 4 龄幼虫置于盛有人工饲料的培养皿中，每皿 5 头，每浓度重复 6 次，共 30 头。供试药液浓度按从低到高的顺序处理，用容积为 0.04 μL～0.06 μL 的毛细管点滴器将药液逐头点滴于幼虫胸部背面，以点滴丙酮（或丙酮：水＝1：1）为空白对照。处理后将培养皿转移至温度为 28±1 ℃，光周期为 L：D＝16 h：8 h 条件下饲养和观察。

4.4 结果检查

分别于处理后 48 h（有机磷酸酯类、氨基甲酸酯类、有机氯类等杀虫剂）、72 h（大环内酯类和苯基吡唑类杀虫剂）、96 h（沙蚕毒素类杀虫剂）、120 h（昆虫生长调节剂类杀虫剂）检查试虫死亡情况，记录总虫数和死虫数。

5 数据统计与分析

5.1 死亡率计算方法

根据调查数据，计算各处理的校正死亡率。按公式（1）和（2）计算，计算结果均保留到小数点后两位：

$$P_1 = \frac{K}{N} \times 100\% \quad \cdots\cdots\cdots\cdots\cdots\cdots\cdots\cdots \quad (1)$$

式中：

P_1——死亡率，单位为百分率（％）；

K——表示每处理浓度总死亡虫数，单位为头；

N——表示每处理浓度总虫数，单位为头。

$$P_2 = \frac{P_t - P_0}{100 - P_0} \times 100\% \quad \cdots\cdots\cdots\cdots\cdots\cdots \quad (2)$$

式中：

P_2——校正死亡率，单位为百分率（％）；

P_t——处理死亡率，单位为百分率（％）；

P_0——空白对照死亡率，单位为百分率（％）。

对照死亡率＜20％应按公式（2）进行校正；对照死亡率≥20％，试验需重做。

5.2 回归方程和半致死剂量计算方法

采用 SAS、EPA、Polo、BA、DPS 等统计软件的几率值分析法进行统计分析，求出每个药剂的毒力回归方程式、LD$_{50}$值及其 95％置信限、b 值及其标准误。

6　抗性水平的计算与评估

6.1　部分杀虫剂对水稻二化螟的敏感毒力基线（见附录 B）

6.2　抗性水平的计算

根据敏感品系的 LD_{50} 值和测试种群的 LD_{50} 值，按公式（3）计算测试种群的抗性倍数（RR），计算结果均保留到小数点后一位：

$$抗性倍数 = \frac{测试种群的\ LD_{50}}{敏感品系的\ LD_{50}} \quad\cdots\cdots\cdots\cdots\cdots\cdots\cdots（3）$$

6.3　抗性水平的评估

根据抗性倍数的计算结果，按照下表中抗性水平的分级标准，对测试种群的抗性水平作出评估。

表 1　抗性水平的分级标准

抗性水平分级	抗性倍数（倍）
敏感	$RR<3.0$
敏感性下降	$3.0 \leqslant RR<5.0$
低水平抗性	$5.0 \leqslant RR<10.0$
中等水平抗性	$10.0 \leqslant RR<40.0$
高水平抗性	$40.0 \leqslant RR<160.0$
极高水平抗性	$RR \geqslant 160.0$

7　监测报告编写

根据统计结果和抗性水平评估，写出正式抗性监测报告，并列出原始数据。

附　录　A

（规 范 性 附 录）

水稻二化螟人工饲料配方和制备

A.1　人工饲料配方

水稻二化螟人工饲料配方见表 A.1。

表 A.1　水稻二化螟人工饲料配方

组分编号	配　　料	含　量
1	葡萄糖	5 g
2	酪蛋白（干酪素）	15 g
3	干酵母	10 g
4	麦芽粉	20 g
5	稻茎叶粉	10 g
6	威氏盐	2 g
7	胆固醇	0.2 g
8	蔗糖	5 g
9	氯化胆碱	0.5 g
10	山梨酸	1 g
11	琼脂	10 g
12	自来水	400 mL
13	1%甲醛	2 mL
14	抗坏血酸钠	2 g

A.2　人工饲料配制的操作步骤

A.2.1　根据饲养种群的数量，确定所需配制人工饲料的量（如用表 A.1 配方的 5 倍或 10 倍量等）。在天平（感量 1g）上分别称取表 A.1 中 1～10 号人工饲料组分，倒入钢精锅（中号）内，加入所需水量的 1/2，搅拌均匀，盖上锅盖放入高压锅内蒸煮，喷气后 15 min 即可拔除电源，等待自动放气或慢慢人为放气；

A.2.2　在天平（感量 1 g）上称取琼脂，放入钢精锅（大号）中，并加入另外 1/2 水量，在调节电炉上边煮边搅，以防焦枯；

A.2.3　琼脂完全煮熔化后，将上述钢精锅内蒸煮的混合物倒入琼脂锅内，充分混匀；

A.2.4　冷却至 55 ℃后，加入抗坏血酸钠、甲醛，充分混匀；

A.2.5　稍冷却（待锅中上层开始凝固）后，倒入大培养皿或白色搪瓷盆内，冷却后加盖或封上保鲜膜。放入冰箱备用。

附　录　B
（资　料　性　附　录）
部分杀虫剂对水稻二化螟敏感毒力基线

2000 年和 2002 年采集于黑龙江省五常市二化螟幼虫，在室内不接触任何药剂的情况下用汕优 63 杂交稻及人工饲料在室内传代饲养，得到敏感品系，已建立的敏感毒力基线见表 B.1。

表 B.1　部分杀虫剂对二化螟敏感品系（Hwc-s）的毒力基线

药　剂	LD-P线 $Y=$	LD_{50}（95％置信限）μg/头
阿维菌素	$16.553+3.0725x$	$0.00017(0.00014\sim0.0002)$
氟虫腈	$19.841+4.9672x$	$0.0010(0.0009\sim0.0012)$
辛硫磷	$17.338+5.2746x$	$0.0046(0.0039\sim0.0052)$
三唑磷	$11.911+3.1340x$	$0.0062(0.0051\sim0.0074)$
毒死蜱	$15.661+5.1388x$	$0.0084(0.0073\sim0.0095)$
杀螟硫磷	$14.623+4.7241x$	$0.0092(0.0080\sim0.0103)$
二嗪磷	$15.593+7.6081x$	$0.00405(0.0368\sim0.0458)$
敌百虫	$8.809+3.3573x$	$0.0734(0.0610\sim0.0891)$
乙酰甲胺磷	$6.5371+4.0588x$	$0.4181(0.3509\sim0.4985)$
虫酰肼	$7.7348+1.5092x$	$0.0154(0.0107\sim0.0208)$
硫丹	$8.7410+5.3268x$	$0.1985(0.1765\sim0.2232)$
杀虫单	$6.1721+2.1494x$	$0.2849(0.2293\sim0.3579)$

注：Hwc-s 表示在黑龙江省五常市采集到的二化螟敏感品系。

十字花科小菜蛾抗药性监测技术规程

（农业行业标准报批稿）

1　范围

本标准规定了浸叶法监测小菜蛾［*Plutella xylostella*（L.）］抗药性的方法。

本标准适用于小菜蛾对杀虫剂抗药性监测。

2　术语与定义

下列术语和定义适用于本标准。

2.1

抗药性　insecticide resistance

由于杀虫剂的使用，在昆虫或螨类种群中发展并可以遗传给后代的对杀死正常种群药剂剂量的忍受能力。

2.2

F_1 代　F_1 generation

从田间采集害虫的幼虫或蛹，室内饲养，繁殖后得到的第一代幼虫。

2.3

敏感基线　susceptibility baseline

通过生物测定方法得到的害虫敏感品系（或种群）对杀虫剂的剂量反应曲线。

2.4

浸叶法　leaf - dipping method

将浸过药液的叶碟置于含有琼脂或保湿滤纸上，接入靶标昆虫进行的生物测定方法。

3　试剂与材料

试剂为分析纯试剂

3.1　生物试材

小菜蛾：田间采集，经室内饲养的 F_1 代 3 龄幼虫。

供试植物：未被药剂污染的甘蓝（*Brassica oleracea*）。

3.2 试验药剂

原药或母药。

4 仪器设备

4.1 实验室通常使用仪器设备

4.2 特殊仪器设备

电子天平（感量 0.1 mg）；

培养皿（直径 7 cm，高 1.5 cm）；

养虫笼（长 40 cm×宽 40 cm×高 40 cm）；

烧杯（500 mL）；

移液管或移液器（200 μL、1 000 μL、5 000 μL）；

容量瓶（10 mL、25 mL）；

恒温培养箱、恒温养虫室或人工气候箱。

5 试验步骤

5.1 试材准备

5.1.1 试虫

5.1.1.1 试虫采集

选当地具有代表性的菜田 2～3 块，每块田随机多点采集生长发育较一致的小菜蛾高龄幼虫或蛹，每地采集幼虫或蛹 200 头以上，置于事先放置的寄主植物叶片的养虫盒中，供室内饲养。

5.1.1.2 试虫饲养

采集的幼虫在室内用寄主植物饲养到成虫分批产卵，取 F_1 代 3 龄初期幼虫供试。

5.1.2 供试植物

使用新鲜、洁净、无农药污染的甘蓝叶片，并制成直径 6.5 cm 的圆片供试。

5.2 药剂配制

将药剂原药或母药溶于有机溶剂（如丙酮、乙醇等），按要求配成一定浓度的母液。

5.3 处理方法

用含 0.05% Triton X - 100 的蒸馏水稀释母液成系列梯度浓度（通过预实

验确定药剂的浓度系列范围，最低浓度时死亡率小于 20%，最大浓度时死亡率大于 80%），每质量浓度药液量不少于 200 mL。将清洗干净的甘蓝叶片浸于不同浓度的溶液中 10 s，取出后在室内晾干至表面无游离水。用 0.05% Triton X‑100 水溶液浸渍的叶片作为对照。将晾干的叶片放入培养皿中，用滤纸或琼脂保湿，接入 3 龄幼虫，每个培养皿中 10 头，重复 4 次。

5.4　结果检查

根据杀虫剂的速效性分别于接虫后的 48 h～96 h 检查。啶虫隆等昆虫生长调节剂、Bt 等微生物制剂，于药后 96h 调查，速效性好的药剂于药后 48 h 调查。

以小毛笔或尖锐镊子轻触虫体，不能协调运动的个体视为死亡。

6　数据统计与分析

6.1　计算方法

根据调查数据，计算各处理的校正死亡率。按公式（1）和（2）计算，计算结果均保留到小数点后两位：

$$P_1 = \frac{K}{N} \times 100\% \quad\cdots\cdots\cdots\cdots\cdots\cdots\cdots\cdots\cdots \quad (1)$$

式中：

P_1——死亡率，单位为百分率（%）；

K——表示每处理浓度总死亡虫数，单位为头；

N——表示每处理浓度总虫数，单位为头。

$$P_2 = \frac{P_t - P_0}{100 - P_0} \times 100\% \quad\cdots\cdots\cdots\cdots\cdots\cdots\cdots \quad (2)$$

式中：

P_2——校正死亡率，单位为百分率（%）；

P_t——处理死亡率，单位为百分率（%）；

P_0——空白对照死亡率，单位为百分率（%）。

若对照死亡率<5%，无需校正；对照死亡率在 5%～20% 之间，应按公式（2）进行校正；对照死亡率>20%，试验需重做。

6.2　统计分析

采用 SAS、POLO、PROBIT、DPS、SPSS 等软件进行几率值分析，求出每种药剂的毒力回归方程式、LC_{50} 值及其 95% 置信限、b 值及其标准误。

7 抗药性水平的计算与评估

7.1 敏感毒力基线

小菜蛾对部分杀虫剂的敏感毒力基线（附件 A）。

7.2 抗药性水平的分级标准

抗药性水平的分级标准

抗药性水平分级	抗性倍数（倍）
低水平抗性	$RR \leqslant 10.0$
中等水平抗性	$10.0 < RR < 100.0$
高水平抗性	$RR \geqslant 100.0$

7.3 抗药性水平的计算

根据敏感品系的 LC_{50} 值和测试种群的 LC_{50} 值，按公式（3）计算测试种群的抗性倍数。

$$RR = \frac{测试种群的 \ LC_{50}}{敏感品系的 \ LC_{50}} \quad\cdots\cdots\cdots\cdots\cdots\cdots\cdots\cdots\cdots\cdots \quad (3)$$

按照抗药性水平的分级标准，对测试种群的抗药性水平作出评估。

附　录　A

（资 料 性 附 录）

小菜蛾对部分杀虫剂敏感毒力基线

南京敏感品系（NJS）和北京敏感品系（BJS）对部分杀虫剂的毒力基线数据

药　剂	有效成分 LC_{50}（mg/L）	毒力回归方程	95％置信限	备注
氯虫苯甲酰胺	0.23	$Y=0.98X+5.63$	$0.18-0.28$	（NJS）
氟虫双酰胺	0.06	$Y=2.45X+7.94$	$0.04-0.10$	（BJS）
阿维菌素	0.02	$Y=2.04X+8.50$	$0.01-0.03$	（NJS）
苏云金杆菌	0.26	$Y=1.54X+0.91$	$0.03-0.50$	（BJS）
多杀菌素	0.12	$Y=2.05X+6.96$	$0.09-0.14$	（NJS）
高效氯氰菊酯	3.55	$Y=1.58X+4.06$	$3.05-5.21$	（NJS）
啶虫隆	0.33	$Y=1.30X+4.64$	$1.39-2.66$	（NJS）
丁醚脲	21.39	$Y=1.46X+2.86$	$18.52-46.11$	（BJS）
溴虫腈	0.40	$Y=1.17X+5.47$	$1.56-30.87$	（BJS）
茚虫威	0.52	$Y=1.77X+6.74$	$0.08-0.13$	（NJS）
氰氟虫腙	16.31	$Y=1.69X+2.95$	$8.38-31.75$	（BJS）

注：1. 南京敏感品系（NJS）的毒力基线制订：2001 年引自于英国洛桑试验站，在室内经单对纯化筛选的敏感品系，在不接触任何药剂的情况下在室内饲养。

2. 北京敏感品系（BJS）的毒力基线制订：1995 年引自于美国康奈尔大学，在室内经单对纯化筛选的敏感品系，在不接触任何药剂的情况下在室内饲养。

蔬菜夜蛾类害虫抗药性监测技术规程

（农业行业标准报批稿）

1 范围

本标准规定了蔬菜夜蛾类害虫抗药性监测的基本方法。

本标准适用于危害蔬菜的甜菜夜蛾（*Spodoptera exigua* Hübner）、斜纹夜蛾（*Prodenia litura* Fabricius）等夜蛾类害虫对具有触杀、胃毒作用杀虫剂抗药性监测。

2 术语及定义

下列术语和定义适用于本标准。

2.1

抗药性 insecticide resistance

由于杀虫剂的使用，在昆虫或螨类种群中发展并可以遗传给后代的对杀死正常种群药剂剂量的忍受能力。

2.2

F_1 代 F_1 generation

从田间采集害虫的卵或幼虫，室内饲养，繁殖后得到的第一代幼虫。

2.3

敏感性基线 susceptibility baseline

通过生物测定方法得到的害虫敏感品系（或种群）对杀虫剂的剂量反应曲线。

2.4

点滴法 topical application method

通过一定的工具或设备将丙酮等溶解的药剂滴加到靶标昆虫体壁进行的生物测定方法。

2.5

浸叶法 leaf-dipping method

将浸过药液的叶碟置于含有琼脂或保湿滤纸上，接入靶标昆虫进行的生物测定方法。

3　试剂与材料

试剂为分析纯试剂

3.1　生物试材

3.1.1　试虫

甜菜夜蛾：*Spodoptera exigua* Hübner

斜纹夜蛾：*Prodenia litura* Fabricius

3.1.2　供试植物

供试植物：未被药剂污染的甘蓝（*Brassica oleracea*）。

3.2　试验药剂

原药或母药。

4　仪器设备

4.1　实验室通常使用仪器设备

4.2　特殊仪器设备

电子天平（感量 0.1 mg）；

培养皿（小培养皿：直径 5 cm，高 1.2 cm；大培养皿：直径 18.5 cm，高 3 cm）；

养虫笼（长 40 cm×宽 40 cm×高 40 cm）；

移液管或移液器（200 μL、1 000 μL、5 000 μL）；

容量瓶（10 mL、25 mL）；

微量点滴器：容积通常为 0.4 μL～0.6 μL（精确度为 0.1 μL）；

恒温培养箱、恒温养虫室或人工气候箱。

5　试验步骤

5.1　试材准备

5.1.1　试虫

5.1.1.1　试虫采集

在监测田按抽样方法采集靶标昆虫（甜菜夜蛾、斜纹夜蛾）幼虫或卵，幼虫不少于 200 头，卵块不少于 30 块。

5.1.1.2　试虫饲养

采集的幼虫或卵块在室内饲养到成虫分批产卵，取 F_1 代 3 龄初期幼虫供试。

5.1.2　供试植物

使用新鲜、洁净、无农药污染的甘蓝叶片。

5.2　药液配置

将药剂原药或母药溶于有机溶剂（如丙酮、乙醇等），按要求配成一定浓度的母液。

5.3　处理方法

5.3.1　点滴法

挑取个体大小一致的 3 龄幼虫，每 10 头放入一个培养皿内，称重。用丙酮或其他易挥发的有机溶剂将母液稀释成系列浓度（通过预实验确定药剂的浓度系列范围，最低浓度时死亡率小于 20％，最大浓度时死亡率大于 80％）。用微量点滴器将 $0.2\ \mu L \sim 0.5\ \mu L$ 杀虫剂溶液点滴在幼虫的前胸背板上。每个处理点滴 20 头幼虫，单头饲养，以点滴相应体积的溶剂作为空白对照，实验重复 3 次。将处理后的试虫放入具有甘蓝叶片的培养皿内。

5.3.2　浸叶法

用含 0.05％ Triton X‑100 的蒸馏水稀释母液成系列梯度浓度（通过预实验确定药剂的浓度系列范围，最低浓度时死亡率小于 20％，最大浓度时死亡率大于 80％），每质量浓度药液量不少于 200 mL。将清洗干净的甘蓝叶片浸于不同浓度的溶液中 10 s，取出后在室内晾干至表面无游离水。用 0.05％ Triton X‑100 水溶液浸渍的叶片作为对照。将晾干的叶片放入培养皿或试管中，用滤纸或琼脂保湿，接入 3 龄幼虫，单头饲养，每个处理 10 头幼虫，重复 3 次。

5.4　结果检查

根据杀虫剂的速效性分别于接虫后 48 h～96 h 后检查。氯虫苯甲酰胺等双酰胺类、氟铃脲等昆虫几丁质合成抑制剂、阿维菌素等微生物制剂，于药后 72 h～96 h 调查，速效性好的药剂于药后 48 h 调查。

以小毛笔或尖锐镊子轻触虫体，不能协调运动的个体视为死亡。

6　数据统计与分析

6.1　死亡率计算方法

根据调查数据，计算各处理的校正死亡率。按公式（1）和（2）计算，计算结果均保留到小数点后两位：

$$P_1 = \frac{K}{N} \times 100\% \quad\cdots\cdots\cdots\cdots\cdots\cdots\cdots\cdots\cdots\cdots\text{（1）}$$

式中：

P_1——死亡率，单位为百分率（％）；

K——表示每处理浓度总死亡虫数，单位为头；

N——表示每处理浓度总虫数，单位为头。

$$P_2 = \frac{P_t - P_0}{100 - P_0} \times 100\% \quad \cdots\cdots\cdots\cdots\cdots\cdots\cdots\cdots (2)$$

式中：

P_2——校正死亡率，单位为百分率（％）；

P_t——处理死亡率，单位为百分率（％）；

P_0——空白对照死亡率，单位为百分率（％）。

若对照死亡率<5％，无需校正；对照死亡率在5％～20％之间，应按公式（2）进行校正；对照死亡率>20％，试验需重做。

6.2 回归方程和半致死剂量计算方法

采用 SAS、POLO、PROBIT、DPS、SPSS 等软件进行机率值分析，求出每种药剂的毒力回归方程式、LD_{50}（LC_{50}）值及其95％置信限、b值及其标准误。

7 抗药性水平的计算与评估

7.1 敏感毒力基线

甜菜夜蛾、斜纹夜蛾对部分杀虫剂的敏感毒力基线（附录 A）。

7.2 抗药性水平的分级标准

抗药性水平的分级标准

抗药性水平分级	抗性倍数（倍）
低水平抗性	$RR \leqslant 10.0$
中等水平抗性	$10.0 < RR < 100.0$
高水平抗性	$RR \geqslant 100.0$

7.3 抗药性水平的计算

根据敏感品系的 LD_{50}（LC_{50}）值和测试种群的 LD_{50}（LC_{50}）值，按公式（3）计算测试种群的抗性倍数。

$$RR = \frac{测试种群的 LD_{50}（LC_{50}）}{敏感品系的 LD_{50}（LC_{50}）} \quad \cdots\cdots\cdots\cdots\cdots (3)$$

按照抗药性水平的分级标准，对测试种群的抗药性水平作出评估。

附　录　A

（资　料　性　附　录）

蔬菜夜蛾类害虫对部分杀虫剂敏感毒力基线

从河北省农业科学研究院等单位引进的甜菜夜蛾幼虫，在室内不接触任何药剂的情况下喂以人工饲料。连续传代饲养至今，得到敏感品系，已建立的敏感毒力基线见表 A.1。

表 A.1　甜菜夜蛾对部分杀虫剂的敏感毒力基线

药 剂	点 滴 法		浸 叶 法	
	$Slope \pm Se$	$LD_{50}(95\%FL)(\mu g/g)$	$Slope \pm Se$	$LC_{50}(95\%FL)(\mu g/mL)$
氯虫苯甲酰胺	3.220 ± 0.918	$0.799(0.560 \sim 0.985)$	2.832 ± 0.528	$0.095(0.079 \sim 0.122)$
氰氟虫腙			2.198 ± 0.430	$76.354(50.206 \sim 99.762)$
氟铃脲	1.967 ± 0.322	$3.322(2.246 \sim 4.136)$	2.322 ± 0.438	$1.588(1.202 \sim 2.000)$
多杀菌素	1.29 ± 0.17	$0.0783(0.0100 \sim 0.1202)$	5.763	$1.067(0.846 \sim 1.345)$
茚虫威			2.992	$0.266(0.170 \sim 0.419)$
溴虫腈			2.255	$0.805(0.537 \sim 1.208)$
虫酰肼			2.207	$8.534(5.744 \sim 12.680)$
高效氟氯氰菊酯	2.113 ± 0.574	$0.078(0.051 \sim 0.114)$		
高效三氟氯氰菊酯	4.743 ± 0.900	$0.027(0.022 \sim 0.032)$		
溴氰菊酯	3.621 ± 0.763	$0.136(0.106 \sim 0.170)$		
高效氯氰菊酯	3.156 ± 0.852	$0.104(0.081 \sim 0.140)$		
氰戊菊酯	2.180 ± 0.707	$0.608(0.466 \sim 0.784)$		

从江苏省农业科学院植物保护研究所等单位引进的斜纹夜蛾幼虫，在室内不接触任何药剂的情况下喂以人工饲料。连续传代饲养至今，得到敏感品系，已建立的敏感毒力基线见表 A.2。

表 A.2　斜纹夜蛾对部分杀虫剂的敏感毒力基线

药　剂	点　滴　法		浸　叶　法	
	Slope±Se	LD$_{50}$(95％FL)(μg/g)	Slope±Se	LC$_{50}$(95％FL)(μg/mL)
溴虫腈			2.288	0.30(0.26～0.33)
氟铃脲	1.946	1.98(1.69～2.32)		
阿维菌素	3.101	1.68(1.46～1.78)		
氯氰菊酯	2.485	0.012(0.009 4～0.014)	2.807	0.21(0.19～0.23)
氰戊菊酯	2.487	0.001 3(0.001 2～0.001 5)		
溴氰菊酯	1.524	0.000 3(0.000 1～0.000 4)		0.032(0.027～0.038)
三氟氯氰菊酯	2.158	0.001 1(0.000 9～0.001 4)		
辛硫磷	5.019	0.027(0.026～0.029)		
马拉硫磷	9.51	0.023(0.014～0.050)		
甲萘威	5.08	0.014(0.002～0.073)		

图书在版编目（CIP）数据

杀虫剂科学使用指南 / 邵振润，张帅，高希武主编
. —北京：中国农业出版社，2012.11
ISBN 978 - 7 - 109 - 17276 - 0

Ⅰ.①杀… Ⅱ.①邵… ②张… ③高… Ⅲ.①杀虫剂
-使用方法-指南 Ⅳ.①TQ453 - 62

中国版本图书馆 CIP 数据核字（2012）第 243468 号

中国农业出版社出版
（北京市朝阳区农展馆北路 2 号）
（邮政编码 100125）
责任编辑 张洪光 傅 辽 阎莎莎
————————————————————
北京中科印刷有限公司印刷 新华书店北京发行所发行
2013 年 1 月第 1 版 2013 年 5 月北京第 2 次印刷
————————————————————
开本：720mm×960mm 1/16 印张：14.25
字数：240 千字
定价：28.00 元
（凡本版图书出现印刷、装订错误，请向出版社发行部调换）